論文・学会発表に役立つ！

研究者のための Illustrator

アドビ イラストレーター

素材集

素材アレンジで描画とデザインをマスターしよう！

田中 佐代子［著］

化学同人

まえがき

本書は描画のスタンダードツールとして知られているソフトウェア「Adobe Illustrator」を用いて，研究用図版（イラスト）をつくるための素材集であり，また描画やビジュアルデザインの技術を身につけるためのガイドブックです．

研究成果の可視化は，研究者にとって大切な作業です．図版はスライド，ポスター，論文の理解を容易にする重要な要素であり，研究発表には正しい実験データをわかりやすく表現するための図版作成能力が問われます．また，近年では専門家以外へのサイエンス・コミュニケーションが注目されており，デザイン性を重視した，わかりやすくて魅力的な図版を作るスキルが求められるシーンも増えています．

しかし，研究が本務である研究者が分厚いマニュアルをめくりながらソフトウェアの使い方を学んだり，描画やビジュアルデザインを学ぶというのは現実的ではありません．そこで，あらかじめキレイに作られているひな形【素材】をアレンジする過程でAdobe Illustratorの使い方（操作方法）や描画方法，さらにビジュアルデザインを習得できるような "素材集 兼 ガイドブック" があればよいのでは，ということで本書の企画に至りました．

本書は，図版作成に必要な知識や技術を学び，わかりやすくてセンスよい図版が作れるようになることを最終目的としています．そのため，カラーユニバーサルデザインに配慮した配色や，立体的に描くための図法やツールについても取り上げています．またAdobe Illustratorは学会発表用のポスター制作のためにもとても便利なソフトウェアですので，巻末の付録に作成方法を掲載しています．

本書の使い方は，「素材だけを使う」，「素材をちょこっとだけアレンジして使う」，「かなりのアレンジを加えて使う」など，読者のみなさま次第です．本書とAdobe Illustratorがプレゼンテーションのお役に立つことを願っています．

田中佐代子

本書の特徴

1. Adobe Illustratorやその他の描画ソフトウェアをまったく使ったことのない人でも，無理なく使い始められるよう手順をていねいに示しています．

2. Part1のイラスト素材データをパソコンなどにダウンロードできます．巻末とじ込みのカードをご参照ください．

3. 高品質のイラスト素材データは，読者が自由に色や大きさ，線の太さなどを変えられるようになっており，使い勝手に優れています．

4. 著者はグラフィックデザイナーとして，またビジュアルデザイン教育の研究者としても経験豊富です．素材データだけでなく，アレンジ方法の内容も保証されています．

本書が対象としているパソコン環境

本書はMacOSとWindowsの双方に対応した内容となっています．

MacOS
Windows

Adobe Creative Suite，Adobe InDesign，Adobe Illustrator，Adobe Photoshopは，アドビシステムズ社（Adobe Systems Inc.）の米国ならびに他の国における商標です．Macintosh, MacOSはApple Inc.の米国ならびにその他の国における登録商標です．Windows，Microsoft PowerPointはMicrosoft社の米国ならびに他の国における登録商標です．
本書に掲載されているその他の会社名や商品名につきましては，関係各社の商標または登録商標であることを明記し，本文中での表記を省略致します．

本文中のパソコン操作関連用語

ドラッグ&ドロップ: マウスのボタンを押したままマウスを移動させ（ドラッグ），別の場所でマウスのボタンを離すこと（ドロップ）．

パス：図形の輪郭線のこと．

オブジェクト：図形，線，テキストのこと．

右クリック: MacOSをご使用の場合は，「controlキーを押しながらクリックする」に置き換えてご利用ください．

目次

まえがき	03
本書の特徴・本書が対象としているパソコン環境・本文中のパソコン操作関連用語	04
Adobe Illustratorの特徴	08
Adobe Illustratorの購入方法・体験版について	10

Part1 イラスト素材一覧

実験道具　12
シャーレ／フラスコ／試験管／マイクロチューブ／注射器／チップ／ピペット・
マイクロピペッター／アルコールランプ／ 細胞培養プレート

細胞　15
神経／マクロファージ／抗体／ウイルス／血小板／赤血球／白血球 ／心筋細胞／血管内の細胞

核酸関連　18
DNA ／ RNA ／染色体／ヒストン／染色体・ヒストン・DNA

細胞内小器官　20
バクテリア／ミトコンドリア／小胞体とリボゾーム ／リソソーム／ゴルジ装置／核／葉緑体／
細胞骨格 ／細胞膜／ 細胞の選択的透過性／細胞小器官全体（植物）／細胞小器官全体（動物）／
細胞内システム：光合成系

モデル動物　24
マウス（横向き）／マウス（仰向け）／マウスの脳／ハエ／ゼブラフィッシュ

人間　25
人体／脳／肝臓／大腸／人体（脳，肝臓，大腸）／血管（動脈）

その他　26
世界地図／薬（カプセル・錠剤）／吹き出し／線と矢印／フローチャート／棒グラフ（横）／
棒グラフ（縦）／折れ線グラフ／複合グラフ／散布図／帯グラフ／円グラフ

Part2 Illustrator の基本

基本の操作　30
新規ドキュメントの作成／さまざまなパネル／画面の移動／画面の拡大・縮小／
図形や線の選択・移動

図形を描く　31
長方形を描く／角丸長方形を描く

図形の拡大・縮小　32
選択ツールを使って拡大・縮小する／数値を入力して大きさを変える／ 線幅も拡大・縮小する

複数の図形を操作する　33
複数の図形の選択／ドラッグ&ドロップによる複製／グループ化／グループ解除／ロック／ロック解除

色と線幅の設定　34
色の設定／線幅の設定

文字入力と設定　35
文字の入力／書体（フォント）・文字サイズ・行送りなどの設定／行揃えの設定

PowerPoint やWord への貼り付け　36
Windows版／ MacOS版

Part3 Illustratorの便利な機能

ペンツール   38
直線を描く／曲線を描く／直線の垂直・水平をキープする／方向線（ハンドル）とアンカーポイント／曲線の変形／アンカーポイントの追加・削除／アンカーポイントツール

画像の配置   40
画像をAdobe Illustratorの画面に配置する

トレース   41
写真をもとにトレース／参考：「画像トレース」機能を試してみる

クリッピングマスク・複合パス   44
クリッピングマスク／複合パス

パスファインダー   45
設定方法／使用例

破線や線の矢印   46
線種を破線に変える／線パネルから矢印を作成

線端や角の形状   47
設定方法／丸型先端の使用例

パスのアウトライン   48
設定方法／使用例

不透明度の調節   49
設定方法／使用例

ライブペイント   50
設定方法／使用例

スポイトツール   52
設定方法／使用例

グラデーション   53
設定方法／濃淡を変える／角度を変える／2色／3色以上／円形／縦長の円形／使用例

メッシュツール   57
設定方法／使用例

参考：知っておきたい配色の知識   59
色相（色合い）／明度（明るさの段階）／彩度（鮮やかさの度合い）／CMYKとRGBの違い

レイヤーの活用   61
追加・削除／表示・非表示／ロック／順番変更／名称変更／使用例／重ね順

図形の正確な移動   63
ダイアログボックスによる移動／キーによる移動

整列・パスの平均と連結   64
整列／平均と連結

ガイド   65
ガイド／定規によるガイド

データの書き出しと保存形式   66
データの書き出し／データの保存形式

06　目次

Part4 立体的な図の描き方

立体化の方法　　68
スケッチのすすめ／まず直方体におきかえる

平行投影図法による立体化　　69
平行投影図法とは

軸測図法　　70
軸測図法で円柱を描く／軸測図法でシャーレを描く／軸測図法で6穴トレイを描く／軸測図法で細胞壁を描く

透視図法　　74
透視図法とは／1点透視図法で96穴トレイを描く

Adobe Illustratorのツールによる立体化　　77
グラデーションによる立体感の表現／【3D】でさまざまな立体を描く

Part5 描画や配色のコツ

なめらかなベジェ曲線を描くコツ　　82

センスのよい配色のコツ　　83
鮮やかすぎる色は少し濁らせる／色相を揃える（同系色を使う）／トーン（色調）を揃える

カラーユニバーサルデザイン　　84
色覚異常による見え方の違い／ Adobe Illustratorによるチェック方法／色相の違いばかりに頼らず，明度の違いをつける／色だけでなく，形や文字でも表現する

フォントの選び方と取扱いのコツ　　86
推奨する書体／適切な行送り（行間）／フォントのアウトライン化

矢印・引き出し線のコツ　　87
矢印のコツ／引き出し線のコツ

画像に矢印や記号などを加えるときのコツ　　88
コントラストをつける／アウトラインのつけ方

付録：研究発表ポスターのデザイン

レイアウト画面の作成　　90
新規ドキュメントの作成／レイアウトグリッドの作成

文字・画像の配置と調整　　91
文字・画像の配置／文字・画像の整列法／書体（フォント）／文字サイズ／行送り／行長

ポスターのレイアウトに便利な機能　　92
ページ全体の表示／画像や文字の整列

出力　　93
レイアウトグリッドの非表示／ PDFファイルの作成／トンボの設定

索引　　94

Adobe Illustratorの特徴

Adobe Illustrator（イラストレーター）はアドビシステムズ社が販売するソフトウェアです．

Adobe Illustratorは図版（イラスト）作成はもとより，エンブレムやロゴタイプ，キャラクター，パッケージ，リーフレット，ポスター，誌面のレイアウトなどのための**描画&デザインツール**として，世界的に最もスタンダードなツールとなっています．

筆者がAdobe Illustratorを使いはじめたのは1991年くらいからですが（Macintosh SE/30に搭載），それ以来ずっと，ふだんのデザイン作業に欠かせないツールとなっています．まさにDTP（デスクトップパブリッシング）の歴史とともに歩んできたソフトウェアです．

現在ではAdobe Illustrator CCは**Adobe Creative Cloud**のソフトウェア群のひとつとして販売されています．

Adobe Illustratorの描画方式は**ベクター形式**であるため，**画像を劣化させることなく拡大・縮小など変形させられる**ので，名刺から大型ポスターまでさまざまな大きさの制作物に使用できます．

ベクター形式とは2次元コンピュータグラフィックスをコンピュータ内部で表現するデータ形式です．ベクター形式では，画像データを，点の座標とそれを結ぶ線や面の方程式のパラメータ，および塗りつぶしや特殊効果などの描画情報の集合として表現します．ベクター形式による図形をベクターグラフィックス（Vector Graphics）や，ベクターイメージ（Vector Image）とよびます．

Adobe Illustratorの描画ツールとしての最大の魅力は，美しい曲線を描ける**ベジェ曲線**です．ベジェ曲線を描くことができるペンツールについては，Part3で詳しく説明します．

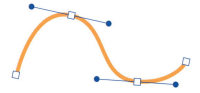

Adobe Illustratorで描いたベジェ曲線

Photoshopとの違い

Adobe Creative Cloudに含まれるソフトウェアのひとつで，Adobe Illustratorとよく比較されるのがAdobe Photoshop（フォトショップ）です．

Adobe Photoshopはビットマップ形式で，画像データをドットと呼ばれる点の羅列・集合として表現します．写真やイラストを加工するために主に使用され，下の図のようにAdobe Photoshopで拡大すると画像が劣化します．

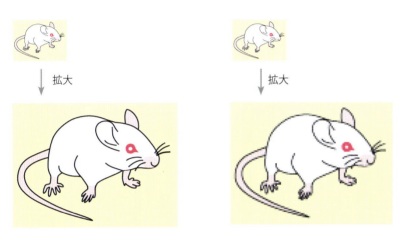

Adobe Illustrator（ベクター形式）
拡大しても画像が劣化しない

Adobe Photoshop（ビットマップ形式）
拡大すると画像が劣化する

他のソフトウェアとの違い

マイクロソフト社のソフトウェアであるPowerPoint（パワーポイント）で描画を行っている研究者の方々も多いと思います．PowerPointでは「頂点の編集」によって，Adobe Illustratorのベジェ曲線に近い操作ができて，比較的自由にかたちを変えられます．ただし，Adobe Illustratorに比べると操作性がかなり劣ります．

アップル社のKeynote（キーノート）にも「ペンで描画」ツールがありますが，あまり融通がききません．

Adobe Illustratorの購入方法

Adobe Illustrator単体プランの価格
学生・教職員個人版：月々プランは980円（税別），年間プランだと11,760円（税別）です（2018年11月現在）．

Adobe Illustrator単体プランの購入方法はAdobeのWEBサイトをご覧ください．
大学など教育機関に所属している方が個人で購入する場合は，「学生・教職員個人版」を選択できます．購入時に学校発行のメールアドレスを入力することで在籍を確認しています（2018年11月現在）．

学生・教職員個人版の販売WEBサイト：
http://www.adobe.com/jp/creativecloud/buy/students.html

体験版について

入手方法
体験版とは一定期間，無料で体験利用できるようにしたソフトウェアのことで，Adobeの Web サイトから試用する製品を選んでダウンロードできます．インストールする際には，Adobe IDとパスワードを使って，自身のアカウントへログインする必要があります．

使用期限
インストール後，7日間使用できます（2018年11月現在）．

機能制限
Adobe Illustratorの機能制限はないようです．
詳しくは，AdobeのWebサイトをご参照ください．

Part1 イラスト素材一覧

実験道具，細胞，核酸関連，細胞内小器官，モデル動物，人間，その他といった
カテゴリー別に，研究資料に広く使われそうな素材を掲載しています．もちろん
そのままでも使用できますが，大きさ，配色，線の太さなど自由にアレンジして
ご使用ください．

※データは巻末のカードに記載されている方法でアクセスできるWebサイトか
　ら，各素材の下に記載されている記号を参照してダウンロードし，ご使用くだ
　さい．

実験道具

シャーレ

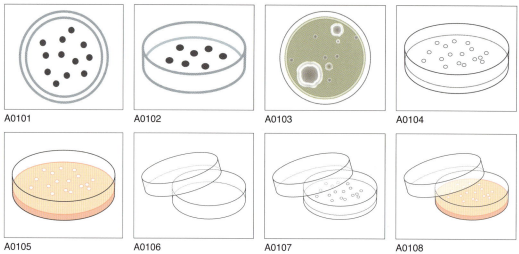

フラスコ

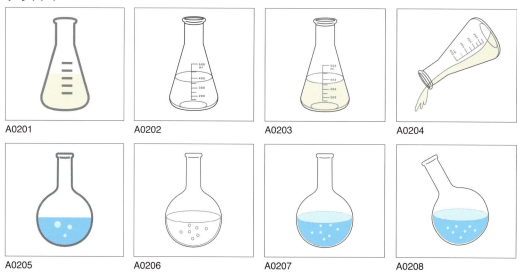

試験管

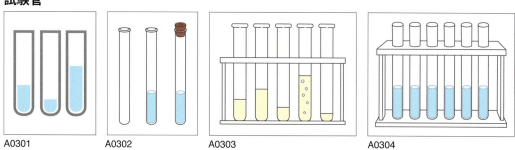

マイクロチューブ

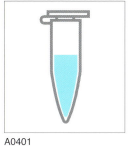
A0401

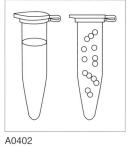
A0402

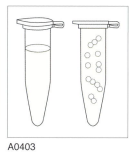
A0403

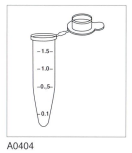
A0404

注射器

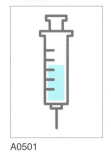
A0501

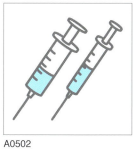
A0502

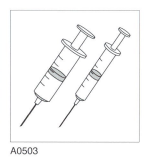
A0503

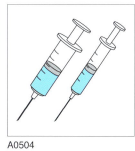
A0504

チップ

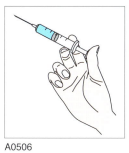
A0505

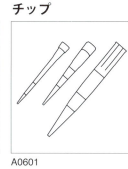
A0506

A0601

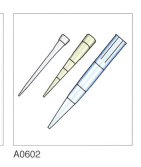
A0602

ピペット・マイクロピペッター

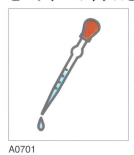
A0701

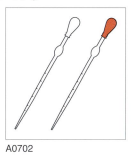
A0702

A0703

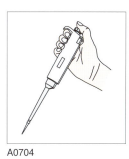
A0704

アルコールランプ

A0801

A0802

A0803

A0804

細胞培養プレート

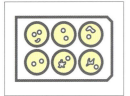
A0901

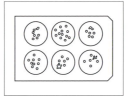
A0902

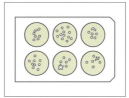
A0903

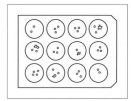
A0904

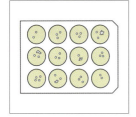
A0905

A0906

A0907

A0908

A0909

A0910

A0911

A0912

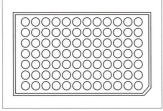
A0913

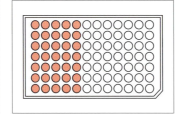
A0914

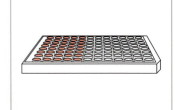
A0915

細胞

神経

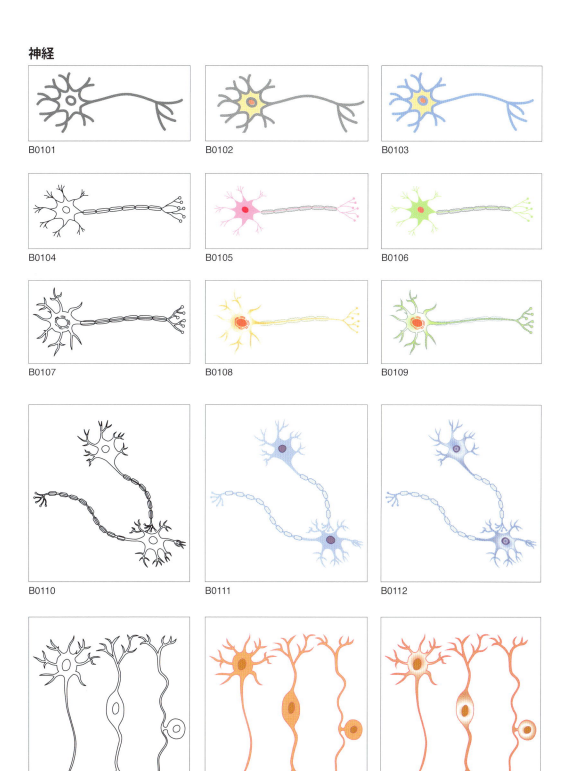

マクロファージ

B0201

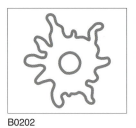
B0202

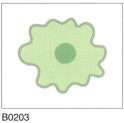
B0203

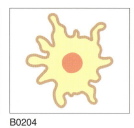
B0204

B0205

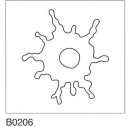
B0206

B0207

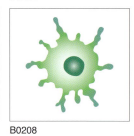
B0208

抗体

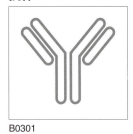
B0301

B0302

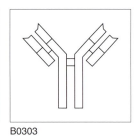
B0303

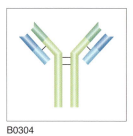
B0304

ウイルス

B0401

B402

B0403

B0404

B0405

B0406

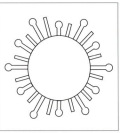
B0407

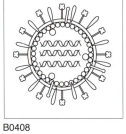
B0408

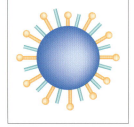
B0409

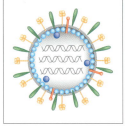
B0410

血小板

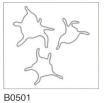
B0501

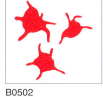
B0502

B0503

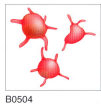
B0504

B0505

赤血球

B0601

B0602

B0603

B0604

B0605

白血球

B0701

B0702

B0703

B0704

B0705

心筋細胞

B0801

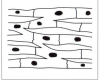
B0802

B0803

B0804

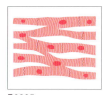
B0805

血管内の細胞

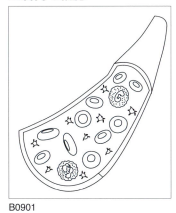
B0901

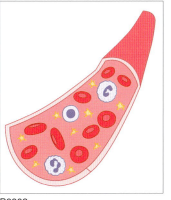
B0902

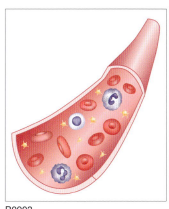
B0903

核酸関連

DNA

C0101　　C0102　　C0103

C0104　　C0105

C0106　　C0107

C0108　　C0109

RNA

C0201　　C0202　　C0203

C0204　　C0205

C0206　　C0207

染色体

C0301　　C0302　　C0303　　C0304　　C0305　　C0306

ヒストン

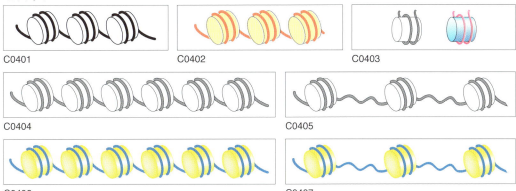

C0401 C0402 C0403
C0404 C0405
C0406 C0407

染色体・ヒストン・DNA

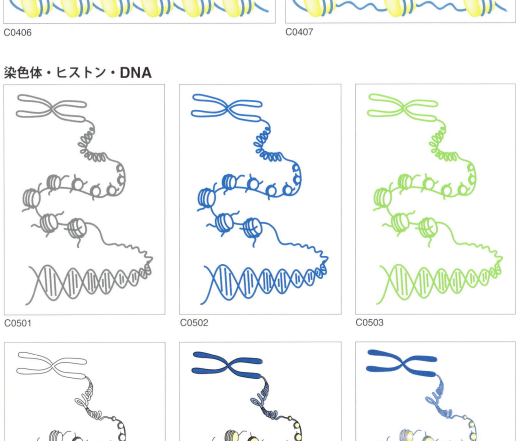

C0501 C0502 C0503
C0504 C0505 C0506

Part1 イラスト素材一覧　19

細胞内小器官

バクテリア

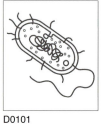 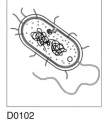 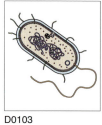 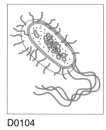 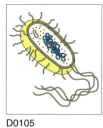

D0101　　D0102　　D0103　　D0104　　D0105

ミトコンドリア

D0201　　D0202　　D0203　　D0204　　D0205

小胞体とリボゾーム

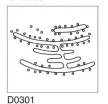  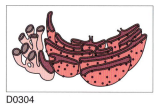

D0301　　D0302　　D0303　　D0304

リソソーム

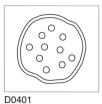 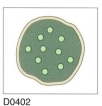 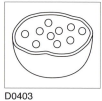 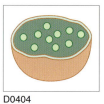 

D0401　　D0402　　D0403　　D0404　　D0405

ゴルジ装置

  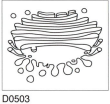  

D0501　　D0502　　D0503　　D0504　　D0505

核

D0601

D0602

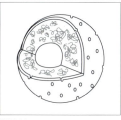
D0603

D0604

葉緑体

D0701

D0702

D0703

D0704

細胞骨格

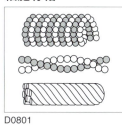
D0801

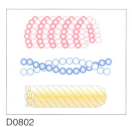
D0802

D0803

D0804

細胞膜

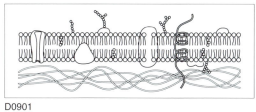
D0901

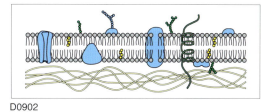
D0902

細胞の選択的透過性

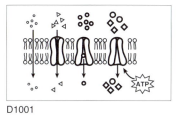
D1001

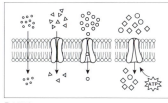
D1002

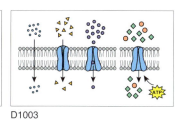
D1003

細胞小器官全体（植物）

D1101

D1102

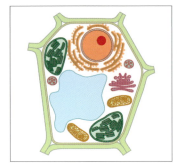
D1103

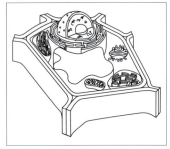
D1104

D1105

D1106

細胞小器官全体（動物）

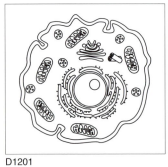
D1201

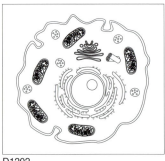
D1202

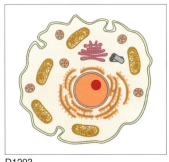
D1203

D1204

D1205

D1206

細胞内システム：光合成系

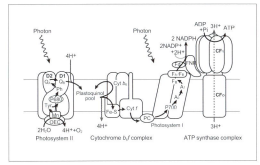

D1301

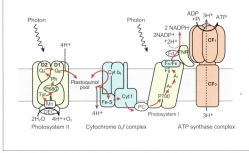

D1302

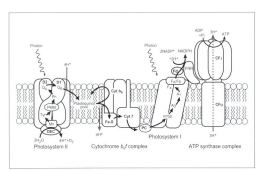

D1303

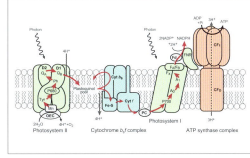

D1304

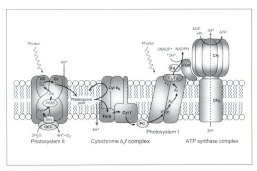

D1305

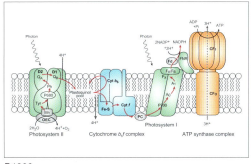

D1306

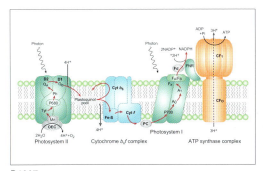

D1307

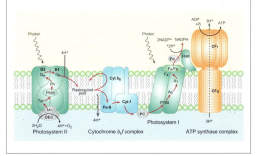

D1308

Part1 イラスト素材一覧　23

モデル動物

マウス(横向き)

E0101

E0102

E0103

E0104

E0105

E0106

E0107

E0108

マウス(仰向け)

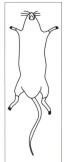
E0201

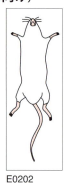
E0202

E0203

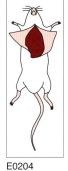
E0204

マウスの脳

E0301

E0302

E0303

E0304

ハエ

E0401

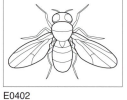
E0402

E0403

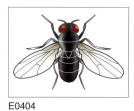
E0404

ゼブラフィッシュ

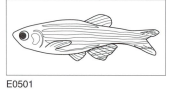
E0501

E0502

E0503

人間

人体

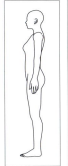
F0101

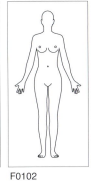
F0102

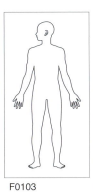
F0103

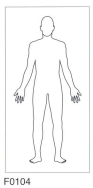
F0104

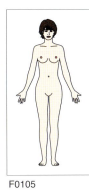
F0105

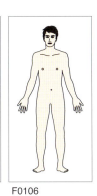
F0106

脳

F0201

F0202

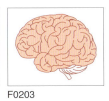
F0203

F0204

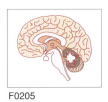
F0205

肝臓

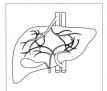
F0301

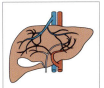
F0302

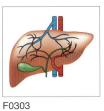
F0303

大腸

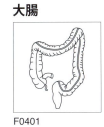
F0401

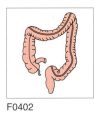
F0402

人体（脳，肝臓，大腸）

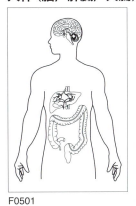
F0501

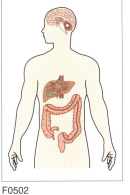
F0502

血管（動脈）

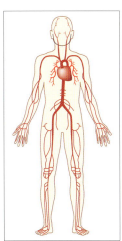
F0601　F0602

Part1 イラスト素材一覧　25

その他

世界地図

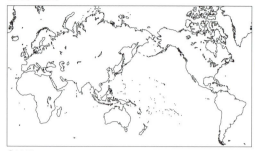
G0101

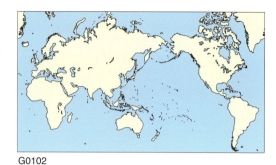
G0102

薬（カプセル・錠剤）

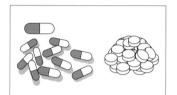
G0201

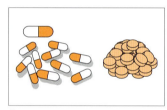
G0202

吹き出し

G0301

G0302

線と矢印

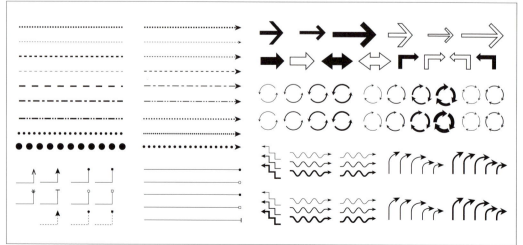
G0401

フローチャート

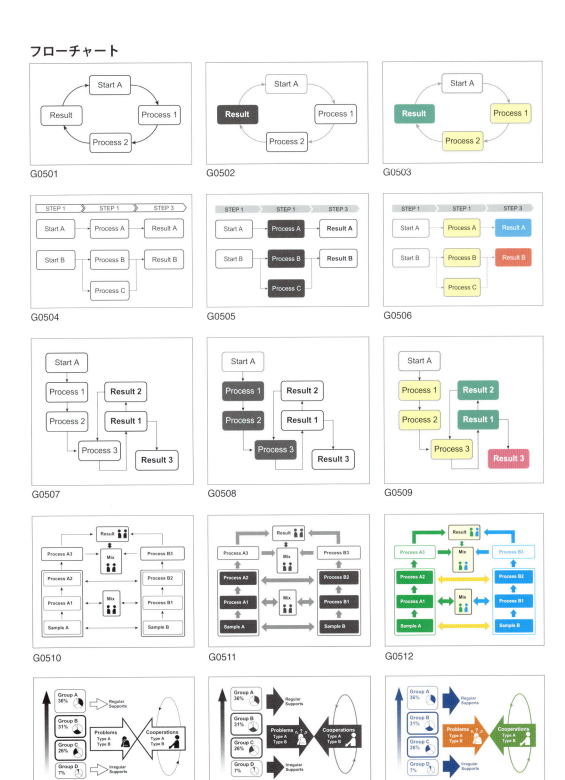

棒グラフ（横）

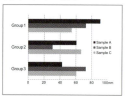
G0601

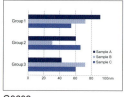
G0602

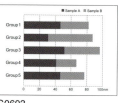
G0603

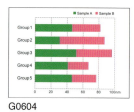
G0604

棒グラフ（縦）

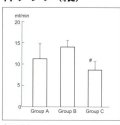
G0701

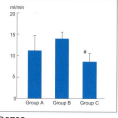
G0702

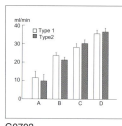
G0703

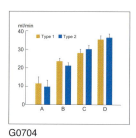
G0704

折れ線グラフ

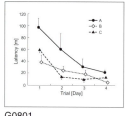
G0801

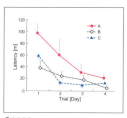
G0802

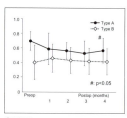
G0803

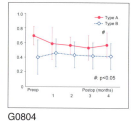
G0804

複合グラフ

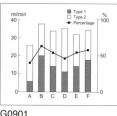
G0901

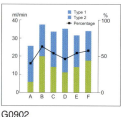
G0902

散布図

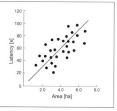
G1001

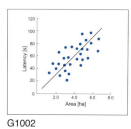
G1002

帯グラフ

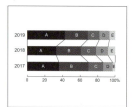
G1101

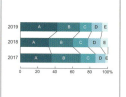
G1102

円グラフ

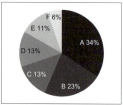
G1201

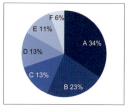
G1202

Part2 Illustratorの基本

新規ドキュメントの作成方法，図形の描画，図形の拡大縮小，複数の図形の選択方法，色と線幅の設定といった，Part1に掲載したイラスト素材をアレンジするために，これだけは習得してほしいAdobe Illustratorの操作方法を掲載しています．

基本の操作

新規ドキュメントの作成など，まずは最も基本的な操作方法について解説します．

■ 新規ドキュメントの作成

1. 【ファイル】メニューから【新規】を選択します．
2. 表示された画面の右上にある【アートとイラスト】(図1-1 ①) を選択します（適宜，他メディアを選択する）．次に画面の左側から目的に合ったサイズ設定を選びます．ここでは【A4】サイズを選択しました（図1-1 ②）．
3. 右側のダイアログボックスに以下の情報を入力します（図1-1 ③）．
   【名前】：任意の名称
   【方向】：横または縦
   【幅】と【高さ】：必要に応じて数値を入力
4. 【作成】ボタン（図1-1 ④）をクリックすると，新規ドキュメントが作成されます．

図1-1.【新規ドキュメント】ダイアログボックス

■ さまざまなパネル

Adobe Illustratorでは，オブジェクトの設定を変更するために【パネル】とよばれる小さなウィンドウを使います．【ウィンドウ】メニュー（図1-2）で，【ツール】（図1-3），【文字】，【カラー】，【レイヤー】など，機能の異なるさまざまなパネルの表示／非表示を選択できます．

図1-2.【ウィンドウ】メニュー

■ 画面の移動

ツールパネルの【手のひらツール（図1-3 ①）】で画面を上下左右に移動させることが可能です．

■ 画面の拡大・縮小

【ズームツール（図1-3 ②）】を選択し画面をクリックすると，画面が拡大されます．【option】（Windowsは【Alt】）キーを押しながらクリックすると，画面が縮小されます．
【表示】メニューから【アートボードを全体表示】や【100%表示】を使うのも便利です．

■ 図形や線の選択・移動

【選択ツール（図1-3 ③）】によって図形や線を選択し，移動することができます．

図1-3.【ツール】パネル

図形を描く

【ツール】パネルを使うと長方形や角丸長方形，楕円などを簡単に描くことができます．

【ツール】パネルの長方形ツール（図2-1 ①）を長押しすると，【角丸長方形ツール】【楕円形ツール】【多角形ツール】などの描画ツール群が表示されます（図2-4）．

■ 長方形を描く

ドラッグ&ドロップで描く

【長方形ツール（図2-1 ①）】をクリックで選択し，ドラッグ&ドロップすると，任意の大きさの長方形が描けます．正方形を描きたい場合は，【shift】キーを押しながらドラッグ&ドロップします．

正確なサイズの長方形を描く

【長方形ツール（図2-1 ①）】を選択し，画面をクリックすると，【長方形】ダイアログボックスが表示されます（図2-2）．そこに数値を入力し【OK】をクリックすると，正確なサイズの長方形が描けます（図2-3）．

図 2-1．
【ツール】パネル

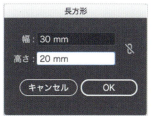

図 2-2．【長方形】ダイアログボックス

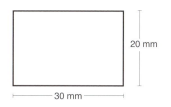

図 2-3．描かれた長方形

■ 角丸長方形を描く

【長方形ツール】を長押しすると，描画ツール群が表示されるので（図2-4），そのなかから【角丸長方形ツール】を選択します．

ドラッグ&ドロップで描く

長方形と同様に描きます．

正確なサイズの角丸長方形を描く：基本的には長方形と同様ですが，【角丸の半径】にも数値を入力し（図2-5），【OK】をクリックすると，正確なサイズの角丸長方形が描けます（図2-6）．

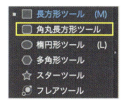

図 2-4．描画ツール群

図 2-5．【角丸長方形】ダイアログボックス

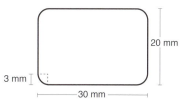

図 2-6．描かれた半径が 3 mm の角丸長方形

Part 2 Illustrator の基本

図形の拡大・縮小

選択ツールを使って直感的に拡大・縮小する方法と，数値を入力して正確に変形する方法があります．

■ 選択ツールを使って拡大・縮小する

図形を選択すると，選択範囲を示すバウンディングボックスが表示されるので，ボックスのハンドルを【選択ツール（図3-1 ①）】でドラッグ&ドロップして，拡大・縮小します．【shift】キーを押しながらドラッグすると，縦横比を保ったまま拡大・縮小されます（図3-2）．

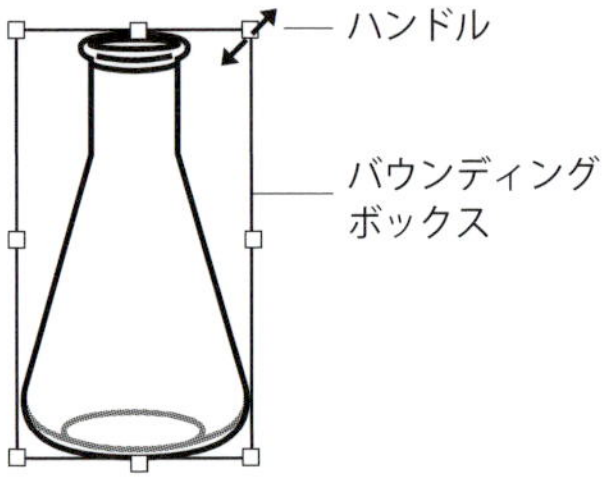

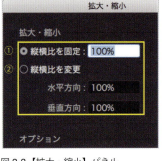

図 3-2. ドラッグして大きさを変える

図 3-1.【ツール】パネル

■ 数値を入力して大きさを変える

図形を選択後，【ツール】パネルの【拡大・縮小ツール（図3-1 ②）】をダブルクリックし，【拡大・縮小】ダイアログボックスを表示させ，数値を入力します．縦横比を固定する場合（図3-3 ①）と，縦横比を変更する場合（図3-3 ②）を選べます．正確なサイズに大きさを変えたい場合はこの方法がよいでしょう．

図 3-3.【拡大・縮小】パネル

■ 線幅も拡大・縮小する

【拡大・縮小】ダイアログボックスの【オプション】にある【線幅と効果も拡大・縮小】（図3-4）をチェックすると，線幅も拡大・縮小することができます（図3-5）．（選択ツールを使って拡大・縮小する際も，このチェックが反映されます．）

図 3-4.【拡大・縮小】パネルのオプション

図 3-5. 線幅も拡大・縮小

32　Part2 Illustrator の基本

複数の図形を操作する

複数の図形をまとめて移動する方法を紹介します．Adobe Illustratorでは，「移動させたくない」図形を画面に固定しておくことも可能です．

■ 複数の図形の選択

複数の図形や線を同時に選択したい場合は【shift】キーを押しながら，図形や線をひとつずつクリックしていきます（図4-1）．

　もう一度クリックすると選択が解除されます．また選択ツールで画面をドラッグ＆ドロップすると，その枠に触れているすべてのオブジェクトが選択されます．

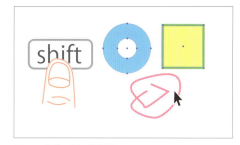

図4-1. 複数の図形を選択

■ ドラッグ＆ドロップによる複製

選択した図形などをコピー＆ペーストする以外に，【option】キー（Windowsの場合は【Alt】キー）を押しながら図形や線をドラッグ＆ドロップすると，複製することができます（図4-2）．

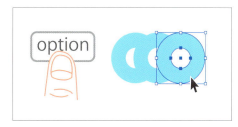

図4-2. ドラッグ＆ドロップによる複製

■ グループ化

複数の図形や線をグループ化したいときは，【オブジェクト】メニューから【グループ】を選択します（図4-3）．

■ グループ解除

グループ化を解除したいときは【オブジェクト】メニューの【グループ解除】を選択します（図4-3）．

図4-3.【オブジェクト】メニューから【グループ】や【グループ解除】を選択

■ ロック

特定の図形や線を動かないようにしたいときは，【オブジェクト】メニューの【ロック】を選択し，さらに【選択】をクリックします（図4-4）．

■ ロック解除

ロックを解除したいときは【オブジェクト】メニューの【すべてをロック解除】を選択します（図4-4）．

図4-4.【オブジェクト】メニューから【ロック】やすべて【ロック解除】を選択

Part2 Illustratorの基本　　33

色と線幅の設定

図形が描けたら，次は色や線幅の設定をいろいろ変えてみましょう．

■ 色の設定

色は【塗り】と【線】で設定します（図5-1）．

1. 描いた図形を選択後，【ツール】パネル（図5-2）の【塗り】部分をダブルクリックすると【カラーピッカー】が表示されますので，まずは中央の【カラースペクトル】で色みを，左側の【カラーフィールド】で明るさや鮮やかさを選択します（図5-3）．
2. 【塗り】や【線】の色を透明（色なし）にしたいときは，【ツール】パネル（図5-2）右下にある赤い斜線の入った四角形をクリックします（図5-4，図5-5）．

図5-1.「塗り」と「線」

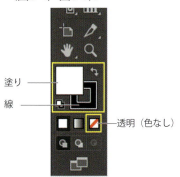

図5-2.【ツール】パネル

図5-3. カラーピッカー

図5-4.【線】が透明

図5-5.【塗り】が透明

■ 線幅の設定

図形を選択し，【線】パネルの【線幅】に数値を入力するか（図5-6），入力枠の横をクリックして線幅を選択します（図5-7）．

※線幅の最小値は0.25 ptと考えると良いでしょう．これより細くすると，印刷時にかすれてしまう場合があります（ptはポイントのこと．1インチの72分の1の大きさ）．

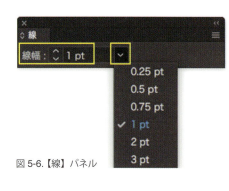

図5-6.【線】パネル

図5-7. 線を太く（10 ptに変更）した

文字入力と設定

画面内の好きな場所に文字を配置することができます．簡単な段落設定も可能です．

■ 文字の入力

【ツール】パネルの【文字ツール（図6-1 ①）】を選択した後，画面をクリックすると文字を入力できます（図6-2）．【文字ツール】を長押しすると，さまざまな様式で文字を入力できるツール群が表示されます（図6-3）．縦組みにしたいときは【文字（縦）ツール】を選択して文字を入力します（図6-4）．文字数が多い時は，【文字ツール】を選択してからドラッグ＆ドロップで枠を描き，その中に文字を入力すると作業しやすいでしょう（図6-5）．

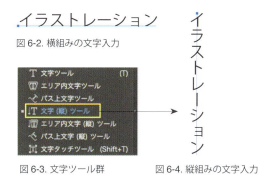

図 6-2. 横組みの文字入力

図 6-3. 文字ツール群　　図 6-4. 縦組みの文字入力　　図 6-5. 枠内への文字入力

図 6-1.【ツール】パネル

■ 書体（フォント）・文字サイズ・行送りなどの設定

書体（フォント）・文字サイズ・行送りなどの設定は，【文字】パネル（図6-6）で行います（【ウィンドウ】メニューから表示させる）．【行送り】とは，文字の高さと行間をあわせた距離のことです．

■ 行揃えの設定

行揃えは【段落】パネル（図6-7）で行います．【左揃え】【中央揃え】【右揃え】【均等配置】（最終行左揃え）などが選択できます．

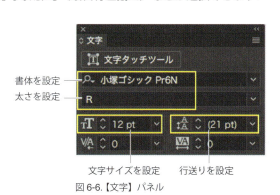
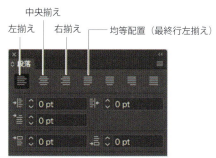

図 6-6.【文字】パネル　　図 6-7.【段落】パネル

PowerPointやWordへの貼り付け

Adobe Illustratorで作成した図をドキュメントに貼り付けて，プレゼンテーションや論文に活用しましょう．

Adobe Illustratorで作成したデータを，プレゼンテーション用にPowerPointへ，論文や申請書用にWordなどへ貼り付けて使用する方法について解説します．古いバージョンのソフトウェアでは方法が異なりますので，ご注意ください．

■ Windows版

Adobe Illustrator CC2018からPowerPoint・Word 2016へ

Adobe Illustratorの【ファイル】メニューの【書き出し】（図7-1）から【PNG】または【TIFF】のいずれかの形式で保存します．書き出す際には解像度を【高解像度（300dpi）】に設定してください（図7-2）．PowerPointやWordの【挿入】→【画像】から，書き出したデータを選択して挿入します（図7-3）．PowerPointやWordへは元よりもかなり小さく貼り付けられますが，拡大しても画像は劣化しません（図7-4）．

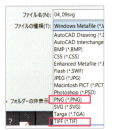
図7-1. 書き出し形式選択画面

図7-2. 高解像度を選択（300dpi）

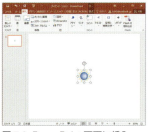
図7-3. PowerPoint画面に挿入

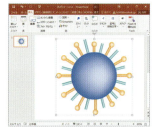
図7-4. 拡大しても劣化しない

■ MacOS版

Adobe Illustrator CC2018からPowerPoint・Word 2016へ

図を選択してコピー＆ペーストするだけで，貼り付けられます（図7-5）．PowerPointやWordへは元よりもかなり小さく貼り付けられますが（図7-6），拡大しても画像は劣化しません（図7-7）．うまくいかない場合は，上で説明したWindows版での操作を試してください．

図7-5. Adobe Illustratorのデータをコピー（文字はあらかじめアウトライン化しておく方がよい）

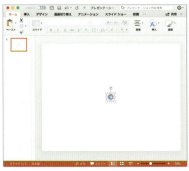
図7-6. PowerPoint画面にペースト

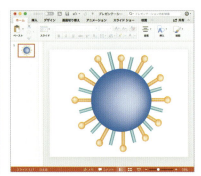
図7-7. 拡大しても劣化しない

Part 3 Illustratorの便利な機能

ここではイラスト素材をアレンジする際に役立つ便利な機能を厳選して紹介します．これらの機能はイラスト素材のアレンジだけでなく，あらたにイラストを描く場合や，ポスターやフライヤーなどをデザインをする場合にも役立ちます．

ペンツール

ペンツールは描画の中心となる機能です．本書のイラスト素材も，ペンツールを使って描いています．

■ 直線を描く

【ツール】パネルで【ペンツール】を選択し（図8-1 ①），画面をクリックしていくと，クリックした箇所を結ぶように直線が描けます．終了したいときは【command（⌘）】または【option】（Windowsは【Ctrl】または【Alt】）キーを押しながら画面をクリックします（図8-2）．

■ 曲線を描く

【ペンツール】を選択してドラッグ&ドロップすると，地点を結ぶように曲線が描けます（図8-3）．終了したいときは，【command（⌘）】または【option】（Windowsは【Ctrl】または【Alt】）キーを押しながら画面をクリックします．

直線

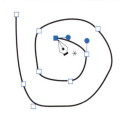
曲線

図 8-1.
【ツール】パネル

図 8-2.【ペンツール】で描いた直線　　図 8-3.【ペンツール】で描いた曲線

■ 直線の垂直・水平をキープする

【shift】キーを押しながら線を描くと，垂直・水平・45度がキープされます（図8-4）．

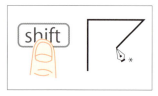
図 8-4. 垂直・水平・45度キープ

■ 方向線（ハンドル）とアンカーポイント

方向線（ハンドル）とは，曲線のアンカーポイント（スムーズポイント）に付属している線のことで，これを操作することで曲線の形状を変えられます．一方，アンカーポイントとは，線（パス）を操作するための点のことで，線の位置を決めることができます（図8-5）．

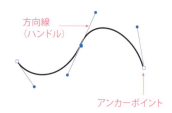
図 8-5. 方向線とアンカーポイント

■曲線の変形

【ダイレクト選択ツール】（図8-6 ①）で，スムーズポイントをクリックすると，方向線（ハンドル）が表示されます．方向線（ハンドル）の丸点にカーソルを合わせて上下左右に操作すると，曲線の形状を変えられます（図8-7）．

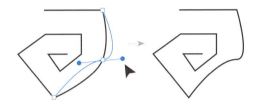

図 8-7. 方向線（ハンドル）を操作して曲線を変形

図 8-6.
【ツール】パネル

■アンカーポイントの追加・削除

【ペンツール】を長押しすると，アンカーポイントの追加・削除ツール群が表示されます（図8-8 ①②）．これらのツールにより，アンカーポイントの追加・削除が可能です（図8-9）．

図 8-8. アンカーポイントの追加・削除ツール群　　図 8-9. アンカーポイントの追加・削除

■アンカーポイントツール

コーナーポイントを，【アンカーポイントツール】（図8-8 ③）でドラッグ＆ドロップすると，スムーズポイントに切り換えることができます．逆にスムーズポイントをクリックするとコーナーポイントに切り換わります（図8-10）．

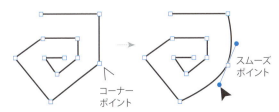

図 8-10.【アンカーポイントツール】での切り換え

画像の配置

Adobe Illustratorでは,図をゼロから描くだけでなく,写真やイラスト画像を貼りこんで利用することもできます.

■ 画像をAdobe Illustratorの画面に配置する

画像の配置はコピー&ペーストでも可能ですが,以下に解説する【リンク】機能を活用すると,ファイルサイズの節約になり,元画像の変更も反映されます.

画像の配置
1. 【ファイル】メニューから【配置】を選択します(図9-1).
2. 【配置】ダイアログボックスが表示されますので,配置したい画像ファイルを選択して(図9-2 ①),【配置】をクリックします(図9-2 ②).

画像のリンク
【リンク(図9-2 ③)】にチェックが入っていると,配置した画像(図9-3)がリンク状態で配置され,元画像に変更があった場合は,Adobe Illustrator上に配置した画像も自動的に更新されます(図9-4).

図9-1.【ファイル】メニューから【配置】を選択

図9-2.【配置】ダイアログボックス

図9-3. 画像が【配置】された状態

図9-4. 画像が自動的に更新された
(リンク元の画像をモノクロに変換したのでIllustrator内の画像もモノクロになった)

トレース

トレースを行うと，写真や画像を，Adobe Illustratorで扱えるベジェ曲線のデータに変換することができます．

■ 写真をもとにトレース

何かの絵を描きたいときはゼロから描きはじめるより，写真やイラストをもとにして描くほうが効率的なことが多いでしょう．ただし，著作権のある画像やイラストをそっくりそのままトレースする（なぞる）と著作権侵害にあたる場合があります．十分に注意しましょう．

基本設定

1. 【ファイル】メニューから【配置】を選択し，トレースする写真画像を配置します（図10-1）．
2. 配置された画像（図10-2）をロックします（図10-3）．

※「テンプレート」について：【配置】ダイアログボックスの【テンプレート】をチェックした状態で配置すると（図10-4），元より淡い色で画像が画面に配置されます．また自動的にロックされた【テンプレートレイヤー】が追加されます（レイヤーについてはp.61参照）．淡い色の画像のほうがトレースしやすい場合には便利です．

図10-1.【ファイル】メニューから【配置】を選択

図10-2. マウスの画像が配置された

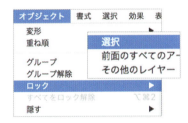

図10-3.【オブジェクト】メニューから【ロック】の【選択】をクリックする

図10-4.【配置】ダイアログボックス

Part3 Illustrator の便利な機能　41

3. 【ペンツール】で，まずはざっくりとトレースします（図10-5）．
4. 写真画像を横へずらし，写真を見ながら絵の細部を整えていくと効率がよいと思います．アンカーポイントはできるだけ少ないほうが，なめらかな絵になります（図10-6）．
※「閉じられたパス」になっていないと塗りが途切れてしまうので，注意しましょう（図10-7）．閉じられたパスにする方法はp.64の「平均と連結」を参照ください．
5. 色を変更して完成です（図10-8）．

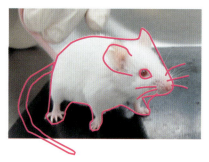

図10-5. 目立つ色の線（この場合はピンク）でざっくりとトレース．しっぽの向きを変えたいのでわざと写真とは変えて描写した．

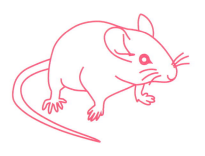

図10-6. 細部を整えていく．【ダイレクト選択ツール】で曲線を整える作業が主となる．

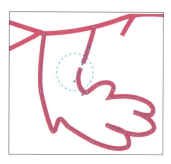

図10-7. 線が途切れないように注意

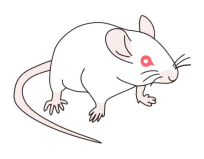

図10-8. 色や線幅を指定して完成

参考：「画像トレース」機能を試してみる

写真などをベクター画像に変換するには【ペンツール】による手動トレースが基本となりますが，Adobe Illustratorの【画像トレース】機能がかなり強化されてきたようです．ここでは【画像トレース】機能がどれだけ使えそうか，実験結果を紹介します．

　【画像トレース】においても，著作権侵害には十分に注意しましょう．

実験
1. 【ファイル】メニューから【配置】を選択し（図A-1），トレースする写真画像（図A-2）を画面に配置して選択します．
2. 【ウィンドウ】メニューから【画像トレース】パネルを表示させ，【プリセット】が【デフォルト】であることを確認し，【トレース】ボタンをクリックします（図A-3）．
3. この作業を【デフォルト】とそれ以外の【プリセット】モード（図A-4）でも試した結果を図A-5に示しました．残念ながら，この工程からアレンジに使えそうな線は作成できませんでした．今後の機能向上が期待されます．

図 A-1.【ファイル】メニューから【配置】を選択

図 A-2. トレースする写真画像

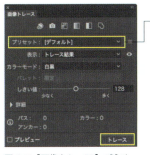

図 A-3.【画像トレース】パネル

図 A-4.【プリセット】モード

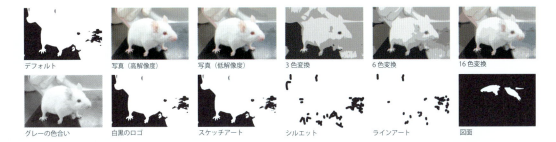

図 A-5.【画像トレース】の【プリセット】モード比較

クリッピングマスク・複合パス

画像を好きな形に「くり抜く」ツールを紹介しましょう．

■ クリッピングマスク

画像やイラストを切り抜くのに便利なのが【クリッピングマスク】です．
1. 画像などを画面に配置します（図11-1）．
2. 別の図形を描き，画像の上に重ねます．
3. 画像と描いた図形の両方を選択し（図11-2），【オブジェクト】メニューから【クリッピングマスク】の【作成】を選択すると（図11-3），上に重ねた図形の形で切り抜かれます（図11-4）．

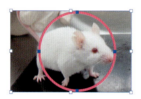

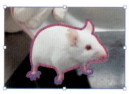

図11-1. 画像を画面に表示させる

図11-2. 画像と図形の両方を選択する

図11-3.【オブジェクト】メニューの【クリッピングマスク】から【作成】を選択

図11-4. マウスの画像が切り抜かれた

■ 複合パス

複合パスにすると，複数のパスをひとつのパスとして扱うことができるようになります．パスが重なり合った部分は透明に抜けて表示されます．

　複合パスにしたい図形を両方とも選択し（図11-5），【オブジェクト】メニューの【複合パス】から【作成】（図11-6）を選択します．選択した図形が複合パス化されます（図11-7）．

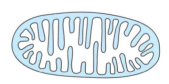

図11-5. 図形を選択

図11-7. 複合パスの作成

図11-6.【オブジェクト】メニューの【複合パス】から【作成】を選択

パスファインダー

パスファインダーは，簡単な図形の組合せから複雑な図形を作り出すことができる便利な機能です．

■ 設定方法

1. 【ウィンドウ】メニューから【パスファインダー】パネルを表示させます（図12-1）．
2. 複数の図形を選択し，【パスファインダー】パネルの【形状モード】のいずれかをクリックすると，形状が変わります（図12-2）．

図12-1.【パスファインダー】パネル

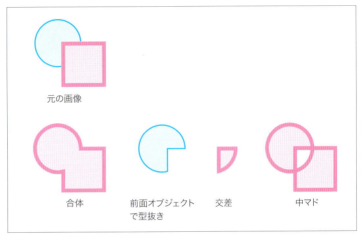

図12-2. さまざまな形状モード

■ 使用例

パスファインダーの使用例として，part1の素材一覧にある血管（動脈）の作成方法をに示します．

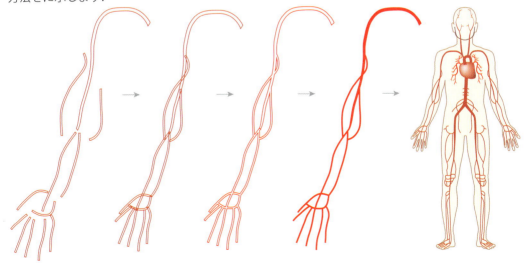

図12-3. パスファインダーの使用例

破線や線の矢印

【線】パネルで設定を調整すると，簡単に破線や矢印を書くことができます．

■ 線種を破線に変える

線を選択し，【線】パネルの右上をクリックして【オプション】を表示させ，【破線】にチェックを入れます（図13-1 ①）．その下の【線分】と【間隔】に数値を入力すると（図13-1 ②），破線の長さや間隔を変更できます．
　線端（p.47参照）を【丸型】にすると，丸い破線が描けます．以下のサンプルを参照ください（図13-2）．

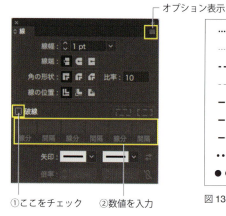

①ここをチェック　②数値を入力

図13-1.【線】パネル

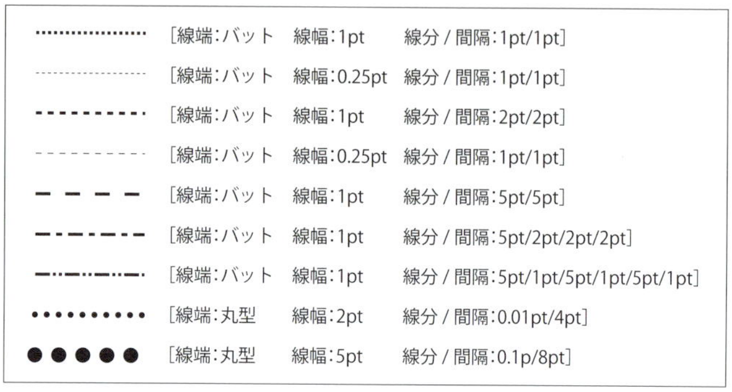

図13-2. 破線サンプル

■ 線パネルから矢印を作成

【線】パネルの右上をクリックして【オプション】を表示させ，【矢印】を選択すると（図13-3 ①），線タイプの矢印が作成できます．選択できる矢印の種類は約40種類ありますが，シンプルで使いやすい推奨タイプを以下に掲載します（図13-4）．また，先端の形は【倍率】で拡大・縮小できますので，適宜調整しましょう（図13-3 ②）．さらに，矢印を破線と組み合わせることもできます（図13-5）．

図13-3.【線】パネル

図13-4. 推奨タイプの矢印

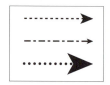

図13-5. 先端の拡大，破線との組合せ

線端や角の形状

線の先端の形状を，ボタンひとつで変えられる機能があります．

■ 設定方法

線を選択し，【線】パネルの右上をクリックして【オプション】を表示させ，【線端】や【角の形状】（図14-1）で，いずれかを選択すると形状を変更できます（図14-2，図14-3）．

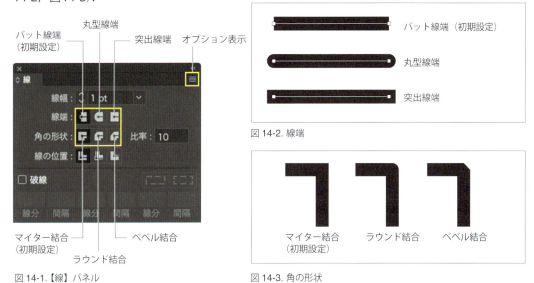

図 14-1.【線】パネル

図 14-2. 線端

図 14-3. 角の形状

■ 丸型先端の使用例

線の先端を【丸型先端】にした例として，Part1のイラスト素材一覧から細胞小器官の「せん毛」を紹介します（図14-4）．

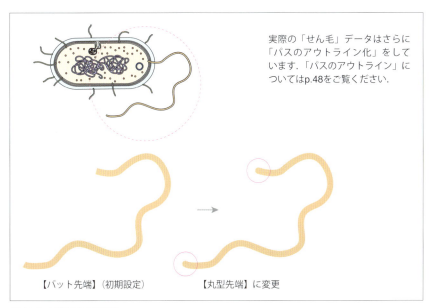

実際の「せん毛」データはさらに「パスのアウトライン化」をしています．「パスのアウトライン」についてはp.48をご覧ください．

図 14-4. 丸型先端の使用例

パスのアウトライン

パス（線）をアウトライン化することで，複雑に曲がる平行な線を簡単に描くことができます．

■ 設定方法

1. 線を選択します（図15-1）．
2. 【オブジェクト】メニューの【パス】から【パスのアウトライン】を選択すると（図15-2），線がアウトライン化されます（図15-3）．
3. アウトライン化された図形に，さらに線の設定をすることもできます（図15-4）．

※一度アウトライン化すると，もとの「線」状態にはもどせないので，注意しましょう．

図 15-1. 線を選択

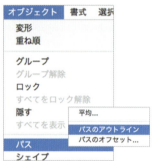

図 15-2.【パスのアウトライン】を選択

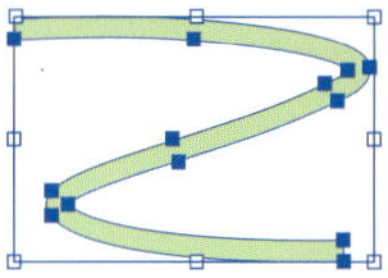

図 15-3. 線がアウトライン化される

図 15-4. 線の設定を変更できる

■ 使用例

使用例として，Part1のイラスト素材一覧にある細胞小器官とゴルジ装置の描き方を以下に示します．

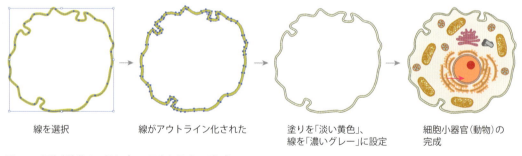

線を選択 → 線がアウトライン化された → 塗りを「淡い黄色」、線を「濃いグレー」に設定 → 細胞小器官（動物）の完成

図 15-5. 細胞小胞体の一部をパスのアウトラインで作成

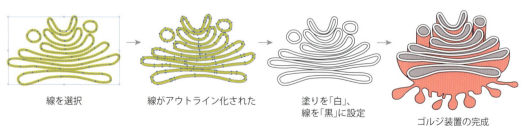

線を選択 → 線がアウトライン化された → 塗りを「白」、線を「黒」に設定 → ゴルジ装置の完成

図 15-6. ゴルジ装置の一部を【パスのアウトライン】で作成

不透明度の調節

不透明度の設定により，立体感のある魅力的な表現ができることもあります．

■ 設定方法

1. 図形を重ね合わせた後，前面の図形を選択します．
2. 【ウィンドウ】メニューから【透明】を選択し，【透明】パネル（図16-1）を表示させ，【不透明度】に数値を入力します．入力した数値に応じて，図形が透明になります（図16-2）．

図16-1.【透明】パネル

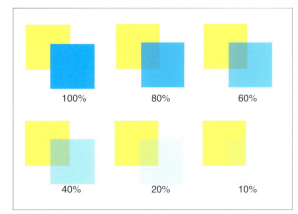

図16-2. ブルーの四角に対して不透明度をさまざまに設定

■ 使用例

Part1のイラスト素材のミトコンドリアには不透明度の調整を施しています．

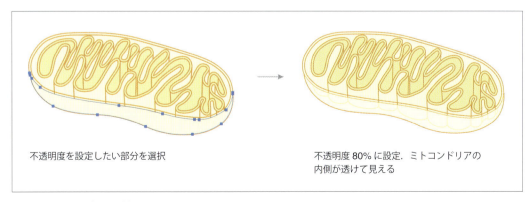

不透明度を設定したい部分を選択

不透明度80%に設定．ミトコンドリアの内側が透けて見える

図16-3. ミトコンドリアの例

ライブペイント

この機能を使うと，画面上のどのような枠内にも色を流し込むことができます．

【ライブペイント】では，閉じられた線（パス）だけではなく，囲まれているだけのパスを塗り分けることができます．塗った後の「色部分」だけを取り外すこともでき，とても便利です（図17-1）．

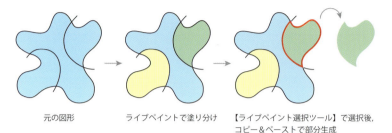

元の図形　　　ライブペイントで塗り分け　　　【ライブペイント選択ツール】で選択後，
　　　　　　　　　　　　　　　　　　　　　　　コピー＆ペーストで部分生成

図 17-1. ライブペイントの概念

■ 設定方法

1. 図形を選択し（図17-2），【オブジェクト】メニューから【ライブペイント】を選択し，【作成】をクリックします（図17-3）．
2. 【ツール】パネルで【ライブペイント選択ツール】を選択します（図17-4）．
3. 塗り分けたい部分にポインタを重ねると，その部分の輪郭が赤くなります（図17-5）．さらにその部分をクリックすると網掛けになります（図17-6）．
4. 網掛け部分に【塗り】を設定します（図17-7）．

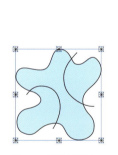

図 17-2. 図形を選択　　図 17-3.【ライブペイント】の【作成】

図 17-4.【ツール】パネル

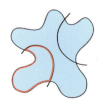
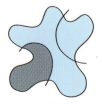
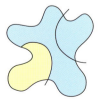

図 17-5. 輪郭が赤くなった状態　　図 17-6. 網掛けになった状態　　図 17-7.【塗り】を黄色に設定

■ **使用例**

Part1のイラスト素材一覧でもライブペイントが使用されています．そのなかから，シャーレに使用した例を紹介します．

1. 楕円を描いて，上半分を【ダイレクト選択ツール】（ ）で削除する．

2. 【ペンツール】で左端を選択し，【shift】キーを押しながらさらにその上のほうをクリックして垂直線を引く．

3. 右側も同様に垂直線を引く．

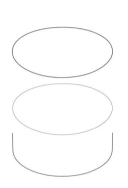

4. さきほど作成した図形も含めて，上のような3つのパーツを作成する．

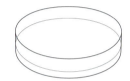

5. 3つのパーツを上のように重ねる．

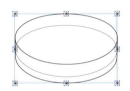

6. 図形を選択し，【オブジェクト】メニューで【ライブペイント】を選択し【作成】する（図17-3）．

7. 【ツール】パネルから【ライブペイント選択ツール】を選択する．

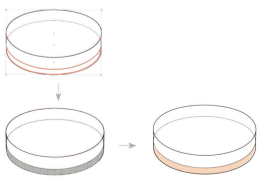

8. 【ツール】パネルの【ライブペイント選択ツール】で液体の側面部分を選択し，【塗り】を設定する．

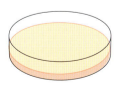

9. 液体の上面にあたる部分には【ライブペイント選択ツール】でより明るい色を設定する．

スポイトツール

【スポイトツール】によって，図形の属性をコピーすることができます．

■ 設定方法

1. 図形Aを選択します（図18-1）．
2. 【ツール】（図18-2）から【スポイトツール】を選択します．
3. 図形Bを【スポイトツール】でクリックします（図18-1）．
4. 図形Bのカラー設定が，図形Aに適用されます（図18-3）．

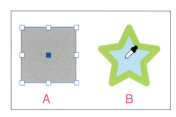

図 18-1. 図形 A を選択しておき図形 B を【スポイトツール】でクリックする

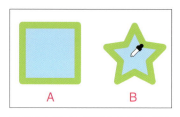

図 18-3. 画像 A に図形 B のカラー設定が適用される

図 18-2.【ツール】パネル

■ 使用例

Part1のイラスト素材一覧を作成する際にも【スポイトツール】を多用しました．そのなかから，抗体の例を紹介します．

1. 図形Aを選択し，図形Bを【スポイトツール】でクリックします（図18-4）．
2. 図形Bのグラデーションが図形Aにコピーされました（図18-5）．しかしグラデーションの角度（p.54参照）はコピーされなかったので，角度を135度に変更しました（図18-6）．
3. さらに色味をやや濃いブルーに変更するため，【グラデーションスライダー】を選択してカラーを変更し，完成させました（図18-7，図18-8）．

図 18-4.【スポイトツール】でクリック

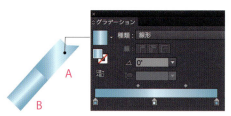

図 18-5. グラデーションがコピーされた

図 18-6. 角度とカラー設定を変更

図 18-7. 色が設定できた

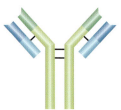

図 18-8. 抗体が完成

グラデーション

必要に応じてグラデーションをつけると，立体感やリアリティのある魅力的なイラストになります．

■ 設定方法

1. 【グラデーション】パネルを表示させます（図19-1）．
2. 描いた図形を選択し，【グラデーション】パネル左上の四角いグラデーションをクリックします（図19-1 ①）．図形がグレーのグラデーションに塗られました（図19-2）．
3. 右下の【グラデーションスライダー】をダブルクリックします（図19-1 ②）．

図 19-1.【グラデーション】パネル

図 19-2. グレーのグラデーションになった

4. 【グラデーションスライダー】ダイアログボックスが表示されるので（図19-3），ダイアログボックスの右上をクリックし，表示されたカラーモードのなかから【CMYK】を選択し，数値を設定します（ここではC100，M100）．グレーだったグラデーションが，グリーンのグラデーションになりました（図19-4）．

図 19-3.【グラデーションスライダー】のダイアログボックスとカラーモード

図 19-4. グリーンのグラデーションになった

Part3 Illustrator の便利な機能　53

■ **濃淡を変える**

【グラデーション】パネルの【グラデーションバー】の上側にある，ひし形の【グラデーションスライダー】を左右に移動させます（図19-5，図19-6）．

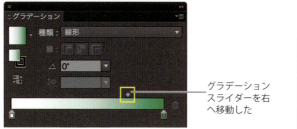

図19-5.【グラデーション】パネル　　　　　　図19-6. グラデーションの濃淡が変わった

■ **角度を変える**

【グラデーション】パネルなかほどの【角度】を変更します（図19-7，図19-8）．

図19-7.【グラデーション】パネル　　　　　　図19-8. グラデーションの角度が変わった（90度）

■ **2色**

【グラデーション】パネル左側の【グラデーションスライダー】をダブルクリックし，カラーを設定します（ここでは黄色を設定）（図19-9，図19-10）．

図19-9.【グラデーション】パネル　　　　　　図19-10. 2色のグラデーションになった

■3色以上

【グラデーション】ダイアログボックスの【グラデーションバー】の下側をクリックすると，【グラデーションスライダー】を追加できます．そこにカラーを設定すると，3色以上を用いたグラデーションを作成できます（図19-11，図19-12）．

図 19-11.【グラデーション】ダイアログボックス

追加した【グラデーションスライダー】

図 19-12. 3 色のグラデーションになった

■円形

【グラデーション】ダイアログボックスの【種類】を【円形】にします（図19-13，図19-14）．

図 19-13.【グラデーション】パネル

図 19-14. 円形のグラデーションになった

■縦長の円形

【グラデーション】ダイアログボックスの【種類】を【円形】にして【縦横比】を変更します（図19-15，図19-16）．

図 19-15.【グラデーション】パネル

図 19-16. 濃淡が縦長のグラデーションになった

■ **使用例**

Part1のイラスト素材一覧でもグラデーションが多用されています．そのなかからチップ，抗体，マクロファージに使用した例を紹介します．

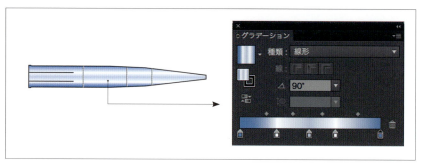

図19-17. チップのグラデーション（線形・90度）

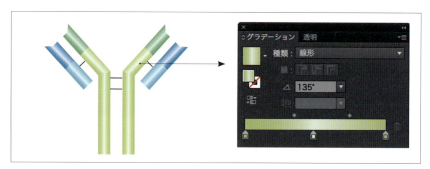

図19-18. 抗体のグラデーション（線形・135度）

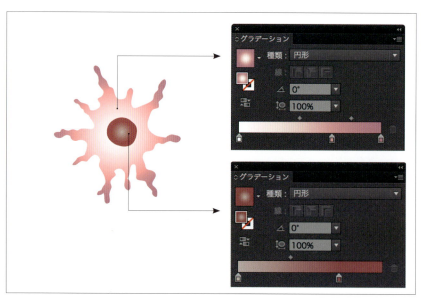

図19-19. マクロファージのグラデーション（円形）

メッシュツール

【メッシュツール】により，より複雑なグラデーションを作成することができます．

■ 設定方法

1. 【ツール】パネルで【メッシュツール】を選択します（図20-1）．
2. 図形内を1回クリックすると，【メッシュポイント】と【メッシュライン】が作成されます（図20-2）．
3. 2の状態で，【メッシュポイント】を「白」くすると，そこを中心にグラデーションができます（図20-3）．
4. さらに他の箇所をクリックすると，その【メッシュポイント】を中心としたグラデーションができます（図20-4）．
5. またさらに他の箇所をクリックし，その【メッシュポイント】を「黄色」にすると，図のようなグラデーションができます（図20-5）．

図20-2.

図20-3.

図20-4.

図20-5.

図20-1.
【ツール】パネル

■ 使用例

Part1のイラスト素材一覧でも【メッシュツール】が多用されています．そのなかからいくつかの例を紹介します．【メッシュツール】と【グラデーション】の併用により，より豊かな表現が可能になります．

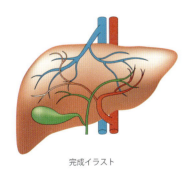
完成イラスト

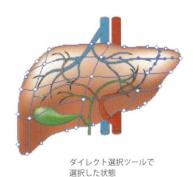
ダイレクト選択ツールで選択した状態

図20-6. 肝臓のメッシュ

※【メッシュポイント】は【Delete】キーで削除できます．
※【メッシュツール】と【ライブペイント】は併用できないようです．

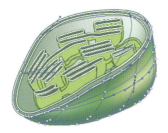

図 20-7. 葉緑体

Part1のイラスト素材一覧から【メッシュツール】と【グラデーション】が併用されている例を紹介します．

図 20-8. 染色体

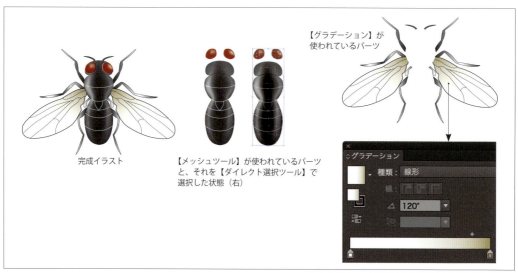

図 20-9. ハエ

参考：知っておきたい配色の知識

配色を考えるときに便利な知識を紹介します．

■色相（色合い）

黄色っぽい，緑っぽい，青っぽい，といった色みの性質のことを色相（Hue，ヒュー）といいます．赤→オレンジ→黄→黄緑→緑→青→紫→ピンクというように，似た色を並べていくと，最終的に色相環ができます．

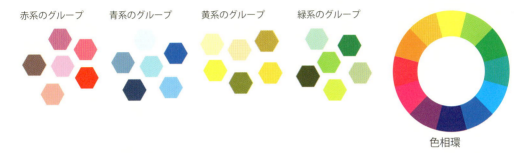

■明度（明るさの段階）

色の明るさのことを明度（Brightness，ブライトネス）といいます．「高明度色」は明るい色，「中明度色」は明るくも暗くもない色，「低明度色」は暗い色です．

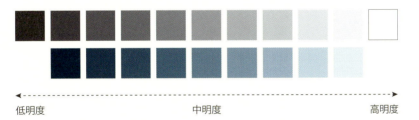

■彩度（鮮やかさの度合い）

色の鮮やかさの度合いのことを彩度（Saturation，サチュレーション）といいます．「高彩度色」は鮮やかな色，「中彩度色」はややくすんだ色，「低彩度色」は色みの少ない色です．彩度のない色は，無彩色といいます．

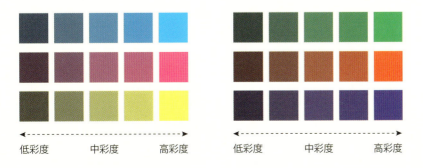

■ CMYKとRGB の違い

代表的な色の表現方法にCMYKとRGBがあります．

CMYK：シアン（C），マゼンタ（M），イエロー（Y）の掛け合わせによって色を表します．CMYKは主に印刷物の色の表現に使に使われています．CMYそれぞれを100%の濃度で重ねると黒っぽい色になりますが，きれいな黒色にはならないので，実際の印刷にはブラック（K）も使用されます．

RGB：レッド（R），グリーン（G），ブルー（B）の掛け合わせによって色を表します．すべて重ねると白になります．RGBは液晶ディスプレイなどの色の表現に使われています．

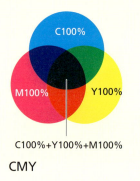
CMY

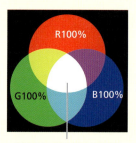
RGB

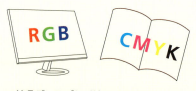
液晶ディスプレイは RGB
印刷物は CMYK

CMYKはRGBに比べると表現できる色の領域が少ないため，RGBで作成されたデータを印刷すると，全体にくすんだ色味になります（本書もCMYKで表現されていますので，以下の図はあくまでイメージです）．

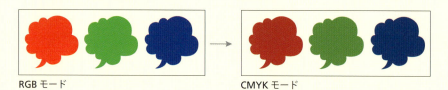
RGB モード　　　　　　　　　　　　CMYK モード

レイヤーの活用

Adobe Illustratorの便利な機能のひとつが，図形や文字，イラストを層状に管理する【レイヤー】機能です．

レイヤーとは図21-1のように，オブジェクトが層になっている状態です．複雑な前後関係の変更には【レイヤー】を使うと，とても便利です．

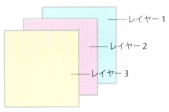

図21-1. レイヤーの概念

■ 追加・削除

新たに追加したい場合は【レイヤー】パネルの【新規レイヤーを作成】(図21-2 ①)をクリックし，削除したい場合は【レイヤー】を選択した状態で【選択項目を削除】(ゴミ箱マーク)(図21-2 ②)をクリックします．

■ 表示・非表示

【レイヤー】パネル左側の【表示の切り換え】(目のマーク)をクリックすると，そのレイヤーに含まれているすべてのオブジェクトが非表示になります．もう一度クリックすると再表示されます(図21-2 ③)．

■ ロック

【レイヤー】パネル左側の【表示の切り換え】(目のマーク)の右をクリックすると，【ロックを切り換え】(カギマーク)が表示され，そのレイヤーに含まれているすべてのオブジェクトがロック(選択できない状態)になります．もう一度クリックするとロックが解除されます(図21-2 ④)．

■ 順番変更

各レイヤーをドラッグ&ドロップすることで，レイヤーの重なり順を変更することができます(図21-2 ⑤)．

■ 名称変更

【レイヤー】パネル右上をクリックすると表れる【オプション】から，【レイヤーオプション】を選択し(図21-2 ⑥)，【名前】を変更します(図21-3)．

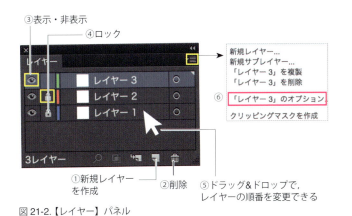

図21-2.【レイヤー】パネル

図21-3.【レイヤーオプション】のダイアログボックス

Part3 Illustratorの便利な機能　**61**

■ **使用例**

細胞小器官（植物）のイラストで説明します（図21-4）．このように複雑なイラストを描く場合，レイヤーは必須です．イラストのパーツごとにレイヤーに分け，必要な部分だけ表示させたり，レイヤーをロックして動かないようにすると，作業効率が向上します．前後関係の調整も非常に簡単です．

図 21-5. 左のイラストのレイヤー構成

すべてのレイヤーを表示している状態　「細胞壁」レイヤーだけ表示している状態

図 21-4. 細胞小器官（植物）のイラスト

■ **重ね順**

単純な図形の前後関係の変更には【重ね順】オプションを使うとよいでしょう．【オブジェクト】メニューから【重ね順】を選択し（図21-6），【最前面へ】【前面へ】（図21-7）や，【背面へ】【最背面へ】（図21-8）からいずれかを選びます．

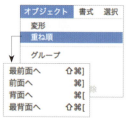  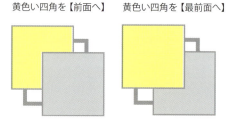

図 21-6.【オブジェクト】メニューの【重ね順】

図 21-7. 重ね順：前面

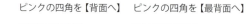
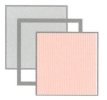 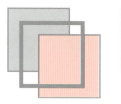 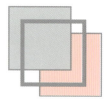

図 21-8. 重ね順：背面

図形の正確な移動

【選択ツール】でも簡単に移動できますが，ここでは正確な距離や方向の移動を行う方法を解説します．

■ ダイアログボックスによる移動

図形を選択後，【選択ツール】（図22-1 ①）をダブルクリックします．すると【移動】ダイアログボックスが表示されるので，任意の数値を入力します（図22-2 ①）．水平左・垂直上への移動は（-）マイナスを入力します．
【OK】ではなく，【コピー】をクリックすると（図22-2 ②），指定した位置にコピーを配置することができます．

■ キーによる移動

キーボードの矢印キーを1回押すごとに動く距離を任意に設定できます．まずは【Illustrator CC】（Windowsは【編集】）メニューの【環境設定】から【一般】を選択し（図22-3），【キー入力】に任意の数値を入力します（図22-4）．
　図形を選択し，キーボードの【→↓←↑】のいずれかを押すと，入力した数値分だけ移動させることができます．

図 22-1.
【ツール】パネル

図 22-2.【移動】ダイアログボックスに数値を入力

図 22-3.【環境設定】メニューから【一般】を選択

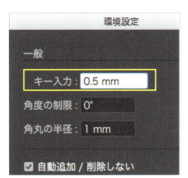

図 22-4.【キー入力】ダイアログボックス

Part3 Illustrator の便利な機能　63

整列・パスの平均と連結

図形やアンカーポイントの位置をクリックひとつで美しく揃える機能です．

■ 整列

図形や線の位置を揃えたい時に便利なのが【オブジェクトの整列】です．
1. 【ウィンドウ】メニューから【整列】パネルを表示させます（図23-1）．
2. 複数の図形や線を選択し，【整列】パネルのいずれかの整列方法をクリックすると，整列されます（図23-2，図23-3）．
【ダイレクト選択ツール】でアンカーポイントだけを選択し，ポイントだけを整列させることもできます（図23-4）．

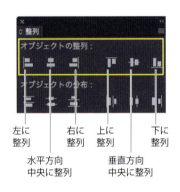

図 23-1.【整列】パネル

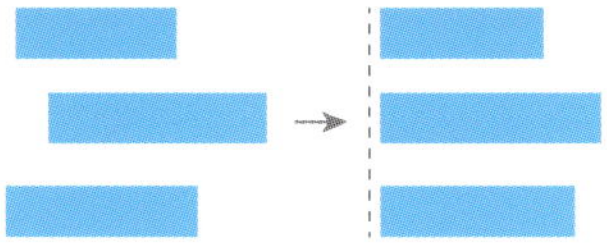

図 23-2. 左に整列

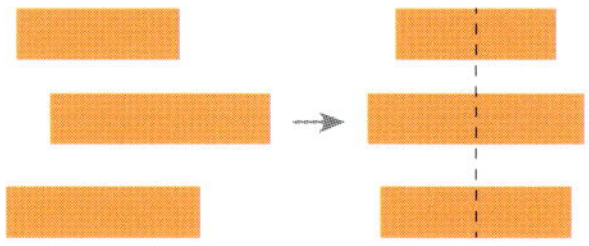

図 23-3. 水平方向中央に整列

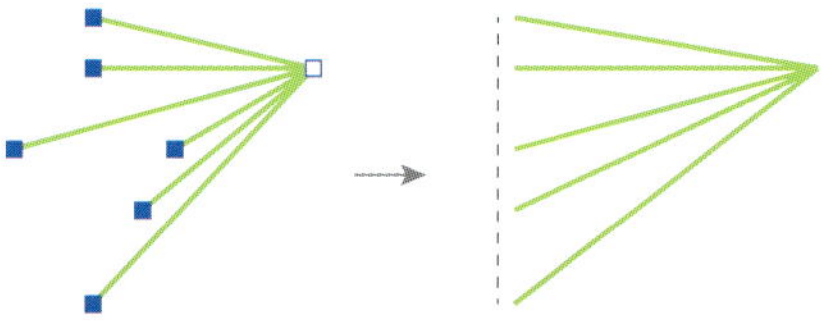

図 23-4. 左端のアンカーポイント 6 個を選択し，左に整列させた

■ 平均と連結

2つのアンカーポイントを同じ位置に重ね，つなげたい時に便利なのが【平均】+【連結】です．
1. 重ねたいアンカーポイントを【ダイレクト選択ツール】で選択します．
2. 【オブジェクト】メニューの【パス】から【平均】を選択し（図23-5），さらに【2軸とも】を選択すると（図23-6），アンカーポイント位置が平均化され重なります（図23-7）．
3. 重なったアンカーポイントを選択したまま，【オブジェクト】メニューの【連結】を選択すると，アンカーポイントがつながります．

図 23-5.【オブジェクト】メニューの【パス】の【平均】と【連結】

図 23-6.【平均】ダイアログボックス

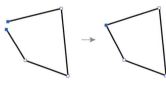

図 23-7. 2 つのアンカーポイントが平均化され重なった

ガイド

図形の配置や位置揃えの依りどころになる【ガイドライン】を設定しましょう．

■ ガイド

ガイドラインは図形の位置や形を揃えるために頻繁に使用します．表示されていてもプリントされません．

ガイドを作成

図形や線を選択後，【表示】メニューから【ガイド】→【ガイドを作成】を選択すると（図24-1），選択しておいた図形や線がガイドラインになります．

ガイドをロック

デフォルトではガイドラインはロックされていますが，解除したいときは【ガイドをロック】を選択し，チェックをはずします（図24-1）．

ガイドのスタイル変更

ガイドラインの色やスタイル（実線・破線）は，【Illustrator CC】（Windowsは【編集】）メニューの【環境設定】から【ガイド・グリッド】のダイアログボックスで変更できます（図24-2）．

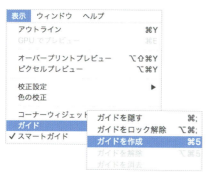

図24-1. ガイドを作成

図24-2.【ガイド・グリッド】のダイアログボックス

■ 定規によるガイド

定規によるガイドは，垂直・水平のみの簡易なものです．

定規によるガイドを作成

【表示】メニューから【定規】→【定規を表示】を選択し（図24-3），Illustrator画面の上端と左端に表示された目盛り部分を選択して，下方向か右方向へドラッグ&ドロップすると，垂直か水平のガイドが描けます（図24-4）．

図24-3.【定規】で【定規を表示】を選択

図24-4. 定規が表示された画面

データの書き出しと保存形式

Adobe Illustratorで作成したデータは，さまざまな形式で書き出すことができます．

■ データの書き出し

1. 【ファイル】メニューから【書き出し】から【書き出し形式】を選択します（図25-1）．
2. 【名前】を入力し，【ファイル形式】から画像形式を選択します（図25-2）．

画像形式のめやす

印刷に使用する場合：Photoshop（psd），TIFF（tif）
Webサイトに使用する場合：PNG（png），JPEG（jpg）が基本ですが，【書き出し】から【Web用に保存（従来）】を使うほうがよいでしょう．

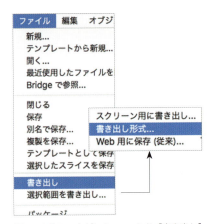

図25-1.【ファイル】メニューから【書き出し】を選択

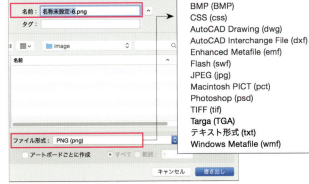

図25-2.【名前】を入力し【ファイル形式】から画像形式を選択

■ データの保存形式

Adobe Illustratorで作成したデータは，デフォルトのai形式のほかにもいくつかの形式で保存できます．

1. 【ファイル】メニューから【別名で保存】を選択します（図25-3）．
2. 【名前】を入力し（図25-4 ①），【ファイル形式】を選択します（図25-4 ②）．

図25-3.【ファイル】メニューから【別名で保存】を選択

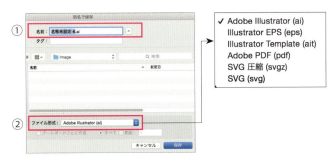

図25-4.【別名で保存】ダイアログボックスで【ファイル形式】を選択

Part 4 立体的な図の描き方

図を立体的に見せるための基本的な図法（平行投影図法）やAdobe Illustratorの
ツールを紹介します．この図法やツールを使えば，簡単に立体的な図を描けます．

立体化の方法

■ スケッチのすすめ

頭のなかにあるぼんやりとしたイメージを形にするために，スケッチしてみましょう．紙はメモ帳でもノートのはしでもなんでもよいのですが，手のひらくらいのスペースに描くとよいです．

　手を動かしながら試行錯誤すると，イメージがクリアになっていくと思います．スケッチをおすすめする最大のポイントはここにあります．パソコン画面にマウスで描くより手軽で早いので，多くのアイデアやイメージを形にすることができると思います．特に立体的に描く際にも，スケッチはとても有効です．

■ まず直方体におきかえる

立体を描くコツは，形をまず直方体におきかえてみることです．立体物を構造的にとらえることになるので，形を描きやすくなります．

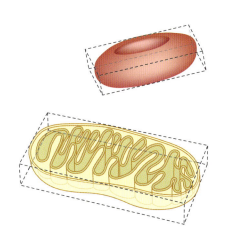
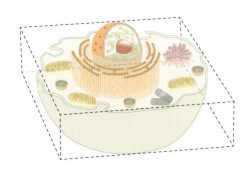

平行投影図法による立体化

■ 平行投影図法とは

平行投影図法（Parallel Projection）は，消失点（p.74参照）をつくらずに，平行線を使って，立体を描く方法です．大きさや位置関係がわかりやすいので，研究のために描く図として適しています．

　平行投影図法はさらにいくつかに分類されますが，ここでは研究のためのイラストを描くときに便利な**軸測図法**を中心に解説します．また，参考までにカバリエ図法とミリタリ図法についても紹介します．平面図，立面図，側面図の違いは右下の図を参照ください．

軸測図法
平面図を奥行きと高さ方向にゆがめ（角度を変えて），さらにそれをずらして立体感を表現する方法です．

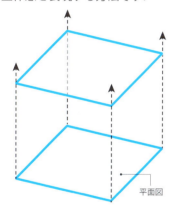

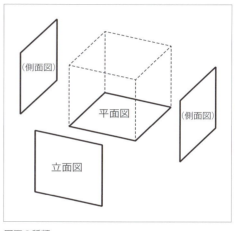

図面の種類

カバリエ図法
立面図を奥行き方向にずらして立体感を表現する方法です．

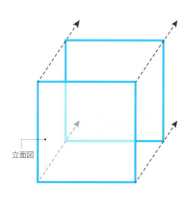

ミリタリ図法
平面図を高さ方向にずらして立体感を表現する方法です．

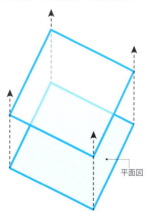

Part4 立体的な図の描き方　69

軸測図法

■ 軸測図法で円柱を描く

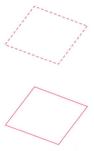

1. 斜めから見て正方形に見える四角形（平面図）を描き，それを複製して上にずらす．

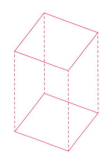

2. 上下の四角形を垂直線で結び，四角柱を作成する．

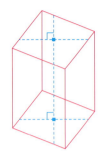

3. 上下の四角形の中心同士を結ぶ垂直線を描き，さらにその線に直角に交わる平行線を描く．

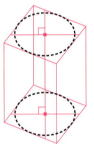

4. 上下それぞれの四角形に沿って楕円を描く．

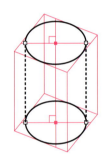

5. 楕円の左右のアンカーポイントを，垂直線で結ぶ．

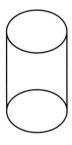

6. ガイドにしていた線をすべて削除する（または非表示にする）．

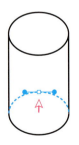

7. 下の楕円の上半分の円弧をダイレクト選択ツールで選択後，カット & 前面ペーストして切り取る．

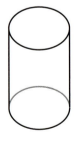

8. 切り取った円弧の線の色を薄くすると，内側が透けているように見える．

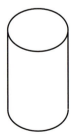

9. 切り取った円弧を削除すると，内側が透けて見えない円柱になる．

■ 軸測図法でシャーレを描く

Part1のイラスト素材一覧に掲載したシャーレには軸測図法が使用されています．

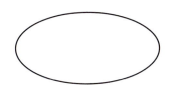

1. 楕円を描く．

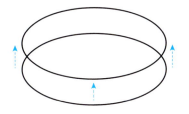

2. 楕円を複製して高さ方向にずらす．（Macは【option】キー，Windowsは【Alt】キー）を押しながら楕円をドラッグ＆ドロップするとコピーできる；p.33参照．）

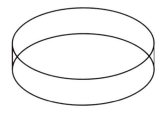

3. 側面になる線を描き，とりあえずシャーレがひとつ完成．

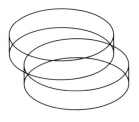

4. シャーレ全体を選択し，グループ化したあと，コピー＆ペーストでもうひとつ増やす．

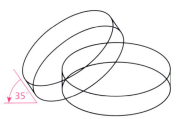

5. 一方のシャーレを選択し，【回転ツール】で35度傾け，位置を調整すれば，シャーレのフタがいちおう完成．次にシャーレの透明感を表現するために設定を加えていく．

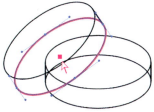

6. 上の図のように，フタの底面の中心を【ダイレクト選択ツール】で選択してコピーし，前面へペーストする(Mac：【⌘+F】, Windows：【Ctrl+F】)．

7. ペーストしたフタの底面を選択し，【塗り】を白，【不透明度】を50％に設定する．これにより，フタが透けている表現ができた．

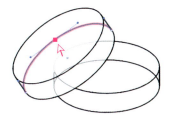

8. さらにフタの底面の奥側の円弧の中心を【ダイレクト選択ツール】で選択してコピーし，前面へペーストする．

完成！

9. ペーストした円弧の【不透明度】を100％，【塗り】を「なし」，【線】の色を淡く設定する．これにより，フタの底面も透けている表現ができた．

Part4 立体的な図の描き方 71

■軸測図法で6穴トレイを描く

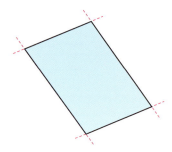

1. 幅と奥行きの線が平行な、上のような四角形を描く．

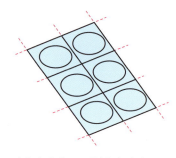

2. 奥行き方向に三分割，幅方向に二分割する線を描く．さらに楕円を描き複製して，上のように配置する．

3. 内側の線を消去してから，全てを選択する．そして【オブジェクト】メニューから【複合パス】を選択し，【作成】をクリックする．四角形が6穴でくり抜かれた．

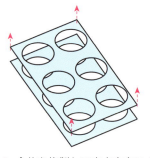

4. 全体を複製して高さ方向にずらす．（Macは【option】，Windowsは【Alt】キーを押しながらドラッグ＆ドロップすると複製できる．）

5. 下側の面を選択し【塗り】をK20%に設定する．次に上側の面を選択し【塗り】を白にして，【不透明度】を70%に設定する．これにより，下の面が上の面に透けているように見えますね．

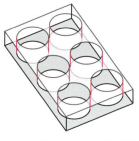

6. 下面と上面をつなぐ垂直線を描き足す．

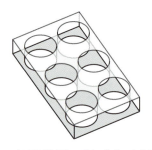

7. 上面を選択し，【オブジェクト】メニューの【重ね順】で，【最前面へ】を選択する．これにより，描き足した垂直線が，上面の下になる．

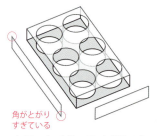

8. 左側面と手前の図形（【塗り】は白，【不透明度】70%）を描き足す．鋭角がとがりすぎる際は，【線】の【角の形状】を【ベベル結合】にする（p.47 参照）．

9. 完成！

■ 軸測図法で細胞壁を描く

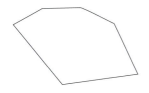

1. 細胞壁のベースとなる六角形を描く．

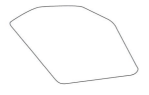

2. 角を丸くする（【アンカーポイントの追加・削除ツール】，【アンカーポイントツール】を使用）．

3. 線を少し太くする．

4. パスをアウトライン化する（【オブジェクト】メニューから選択できる）．

5. 外側の細胞壁を描く．

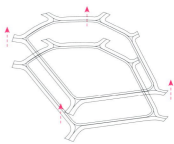

6. 【前面へペースト】し，高さ方向にずらす．

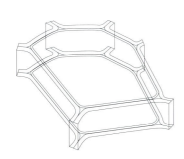

7. 側面をつくるために縦線を描き入れる．これで骨格ができあがる．

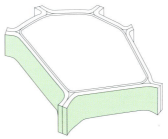

8. 骨格をもとに側面などをつくる（コピー＆ペースト・【パスの連結】を使いましょう）．

9. 【塗り】と【線】を調整して，細胞壁が完成！

透視図法

■ 透視図法とは

透視図法（Perspective Projection）は，**消失点**をつくる図法です．**実際に目で見たり，カメラで撮影したように描けます**．透視図法は「遠近法」とか，「パース（Perspectiveの略）」ともよばれます．景観など見渡す感じの図を描くときによく使われます．

透視図法は，消失点の数によってバリエーションがあり，本書では，1点透視図法，2点透視図法，3点透視図法を紹介します．いずれも視点の位置をどこに設定するかによって，消失点の位置や形が変わってきます．

1点透視図法：奥行き方向の線が一点に収束します．物を正面から見た構図などによく使います．

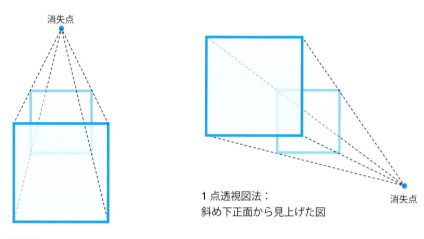

1点透視図法：
真正面上から見下ろした図

1点透視図法：
斜め下正面から見上げた図

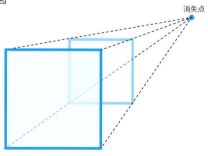

1点透視図法：
斜め上正面から見下ろした図

2点透視図法：奥行き方向と幅の方向に線が収束します．物を斜め横から見た構図などに使用します．

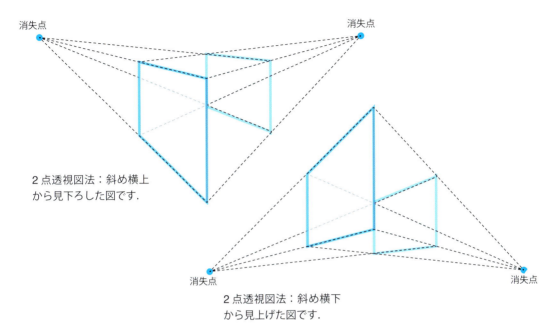

2点透視図法：斜め横上から見下ろした図です．

2点透視図法：斜め横下から見上げた図です．

3点透視図法：奥行き方向，幅の方向，高さ方向に線が収束します．大きな物体を見上げるような構図，または高いところから見下ろすような構図を描くときに使用します．

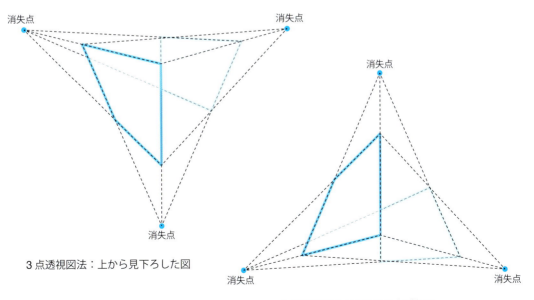

3点透視図法：上から見下ろした図

3点透視図法：下から見上げた図

Part4 立体的な図の描き方　75

■ 1点透視図法で96穴トレイを描く

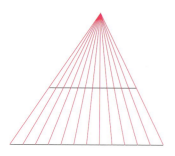

1. 96穴トレイ（12×8）の穴を配置するために，上のように幅方向を12分割するパースグリッドを作成する．この場合は，正面少し左側から見下ろす視点で描くことにする．

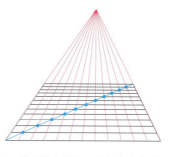

2. 対角線を引き，それと奥行き方向の線の交点の位置に，水平線を引く．

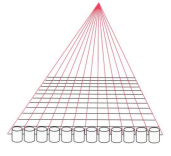

3. 円柱を作成し（p.70参照），幅方向に12個並べる．

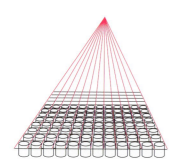

4. 少しずつ小さくした円柱を，奥行き方向に一列づつ複製していく．その際，【オブジェクト】メニューの【重ね順】で【背面に】を選択し，新たに複製した図が奥にあるようにする．

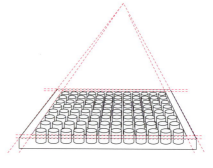

5. 外枠部分を描いていく．まずは内側のグリッドを消去し，外枠の線を描き足す．

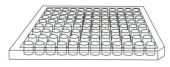

6. 余裕があれば，右側の角を上の図のように，削れたような形にする．

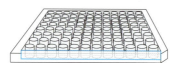

7. 手前の側面から穴が透けて見えるようにするために，上のような長方形を描く．【塗り】は白，【不透明度】は70%に設定する（【線】は「なし」に）．

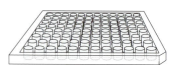

8. 線の上下関係を【オブジェクト】メニューの【重ね順】で調整する（描き足した長方形より，入れ物の輪郭線が，上にあるようにする）．完成！

Adobe Illustratorのツールによる立体化

■ グラデーションによる立体感の表現

【グラデーション】,【メッシュツール】,【ブレンドツール】,【3D】といった異なるツールを使ってグレーとブルーの球体を描いてみます．それぞれの長所や短所などの特徴を踏まえ，応用しましょう．

【グラデーション】の場合　【グラデーション】に関して詳しくはPart3をご覧ください．

長所：設定が簡単
短所：あまりアレンジできない

C60%, K20%　　K60%

1. 円を描き，塗りを【グラデーション】の【円形】にする．

2.【グラデーションスライダー】をダブルクリックして，塗り色を調整する．

【3D】の場合

長所：作業は比較的簡単
短所：アレンジの範囲が限られる

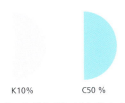  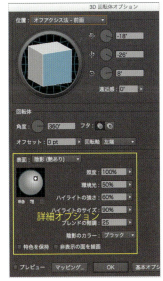

K10%　　C50%

1. 半円を描き【塗り】を設定する．薄めの色を設定するのがポイント．

2.【効果】メニューの【3D】で【回転体】を選択する．右のような【3D回転体オプション】ダイアログボックスが表示されるので，【OK】をクリックする．

3. 左方向に回転し，影が追加された球体ができた．ダイアログボックスの【詳細オプション】によって，ハイライトの強さやサイズを変更できる．

ハイライトの強さを60%→100%に変更

ハイライトのサイズを90%→60%に変更

【3D回転体オプション】ダイアログボックス

Part4 立体的な図の描き方　77

【メッシュツール】の場合　【メッシュツール】に関して詳しくはp.57を参照ください.

長所：さまざまなアレンジが可能
短所：少し作業が面倒

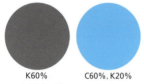
K60%　　　C60%, K20%
1. 円を描き, 塗りを設定する.

2.【メッシュツール】を選択後, 円の中をクリックし,【メッシュポイント】の【塗り】を白にする.

3. このような球体になる. 少し白い部分が多いので, 調整していく.

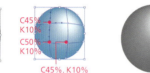
4.【メッシュツール】で【メッシュポイント】を追加する. 追加された3箇所の【メッシュポイント】を【ダイレクト選択ツール】で選択し,【塗り】を図のように設定する.

5.【メッシュツール】による, 球体が完成.

6. 右上の【メッシュポイント】を選択し,【塗り】をY30%にメッシュすると, 黄色いライトがあたったような球体も描ける.

【ブレンドツール】の場合

長所：さらにさまざまなアレンジが可能
短所：他の方法に比べて少し作業が面倒

K60%　　　C60%+K20%
1. 円を描き【塗り】を設定する. さらにその右上あたりに, 白い小さい円を描きます.

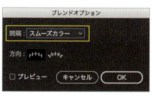
2.【ツール】パネルの【ブレンドツール】をダブルクリックして,【間隔】が【スムーズカラー】(デフォルト)になっていることを確認する.

3.【ブレンドツール】のポインタで, 大小2つの円をクリックする.

4. 上記のような球体が描ける.

5. 小さい円をY30%に設定すると, 黄色いライトがあたったような球体も描ける.

78　Part4 立体的な図の描き方

■【3D】でさまざまな立体を描く

Adobe Illustratorの【効果】メニューの【3D】でも，立体的な図形を描くことができます．ここではグレーとブルーの円柱を書いてみます．

押し出し・ベベル

ベベルとは辺や角を滑らかにする効果のことです．

K10%　　C50 %

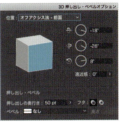

1. 円を描き【塗り】を設定する．薄めの色にするのがポイント．

2.【効果】メニューの【3D】で【押し出し・ベベル】を選択する．

3.【3D 押し出し・ベベル】ダイアログボックスが表示される．【押し出しの奥行き】の数値を変えることにより，さまざまな長さの円柱が描ける．

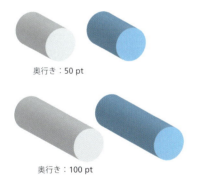

奥行き：50 pt

奥行き：100 pt

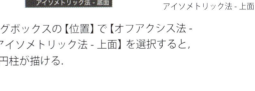

オフアクシス法 - 上面

アイソメトリック法 - 上面

4. 各半円とも奥行き側に平行に押し出され，影が追加された円柱になった．

5. ダイアログボックスの【位置】で【オフアクシス法 - 上面】や【アイソメトリック法 - 上面】を選択すると，垂直に立つ円柱が描ける．

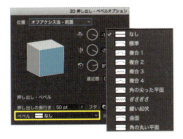

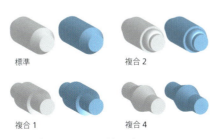

標準　　　　　　　複合 2

複合 1　　　　　　複合 4

6.【ベベル】を設定することで，右のようなさまざまな加工も可能です．いろいろ試してみましょう．

Part4 立体的な図の描き方　79

Part5 描画や配色のコツ

なめらかな曲線を描いたり，センスのよい配色のためのコツなど，ちょっとした
工夫で，わかりやすくセンスのよいイラストやデザインにするための方法を紹介
します．

なめらかなベジェ曲線を描くコツ

アンカーポイントの数が多すぎると，がたついた線になってしまいます．アンカーポイントの数が少ないほど，なめらかな曲線になります．

アンカーポイントの数が多くて，なめらかでない曲線

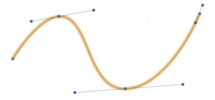

アンカーポイントの数が少なく，なめらかな曲線

アンカーポイントを削除する方法
【ツールパネル】のペンツールを長押しすると，【アンカーポイントの削除ツール】が表示されます．このツールを選択後にアンカーポイントをクリックすると削除できます．

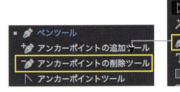

【アンカーポイントの削除ツール】

Part3で作図したマウスの例でもアンカーポイントの数が少ないほうが，なめらかな絵になっています．

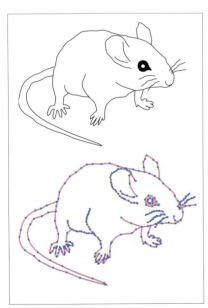

アンカーポイントの数が多くて，少しいびつな形のマウス

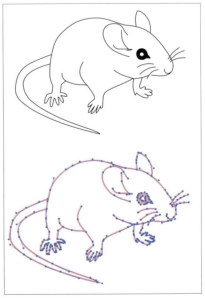

アンカーポイントの数が少なく，なめらかな形のマウス

センスのよい配色のコツ

■ 鮮やかすぎる色は少し濁らせる

高彩度の色を広範囲に使用すると，研究内容よりも色が目立ってしまい，効果的とはいえません．

CMYKモードであれば，マゼンタ（M）100％とイエロー（Y）100％による「金赤（きんあか）」とよばれる鮮やかな赤には，ブラック（K）を10〜30％混ぜ合わせると落ち着いた印象になります．グリーンやブルーも同様です．

■ 色相を揃える（同系色を使う）

色相が同じ色を組み合わせると，統一感が出て，まとまりやすくなります．【カラー】パネルの【HSB】を使用すると，簡単に色相が同じで明度と彩度の異なる色を指定できます．Hは色相（Hue），Sは彩度（Saturation），Bは明度（Brightness）のことです．

1. 【カラー】パネルから【HSB】を選択する．

2. H（色相）の数値は固定したまま，S（彩度）とB（明度）の数値を変更する．

S（彩度）の数値を変更

B（明度）の数値を変更

■ トーン（色調）を揃える

同じような印象やイメージを与える明度・彩度の領域をまとめて「トーン」または「色調」とよびます．トーンを揃えると，プロのような配色ができます．【カラーガイド】でトーンを揃えることができます．

1. 【カラーガイド】のオプションを表示させ，さらに【ビビッド・ソフトを表示】を選択する．

2. 基本となる任意の色のオブジェクトを選択した後，【カラーガイド】の【ハーモニールール】から【ペンタード】*を選択する．

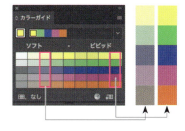

3. 同一の縦列にある色を選択すると，トーンが揃う．

*ペンタードとは，色相環における色相差が72度ある5色の色を組み合わせる配色手法のこと．

Part5 描画や配色のコツ　83

カラーユニバーサルデザイン

日本人男性の20人に1人（5%），日本人女性の500人に1人（0.2%）が色覚異常をもっているため，より多くの人にわかりやすく伝えるためには配慮が必要です．色覚異常の大多数は「第1色覚異常（P型）」か「第2色覚異常（D型）」のどちらかで，どちらも赤や緑の識別が困難です．
Adobe Illustrator には「第1色覚異常（P型）」と「第2色覚異常（D型）」の人の見え方をチェックできる表示機能がありますので，活用してみましょう．

■色覚異常による見え方の違い

「第1色覚異常（P型）」と「第2色覚異常（D型）」の見え方のイメージを下記に示します．赤色と緑色の違いがわかりにくく，全体的に茶色っぽく見えます．

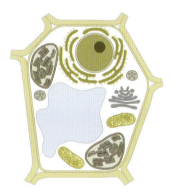

オリジナル　　　　　　　　　第1色覚異常（P型）の見え方イメージ　　　　　　　　第2色覚異常（D型）の見え方イメージ

■Adobe Illustratorによるチェック方法

【表示】メニューの【校正設定】で，【P型（1型）色覚】か【D型（2型）色覚】を選択します．これにより画面の表示が変わります．

【表示】メニューで【校正設定】を選択　　　【P型（1型）色覚】か【D型（2型）色覚】を選択

■ 色相の違いばかりに頼らず，明度の違いをつける

色覚異常の人には色相の違いがわかりにくい場合がありますので，明度の違いで伝えたほうがよいでしょう．

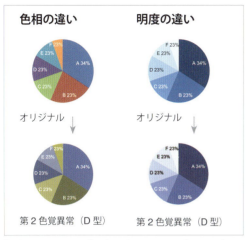

「色相の違い」より「明度の違い」のほうが，オリジナルとの差が少なく，わかりやすい．

「色相の違い」より「明度の違い」のほうがわかりやすい．

■ 色だけでなく，形や文字でも表現する

色の違いだけでなく，形や文字でも情報を表すと，確実に伝わります．

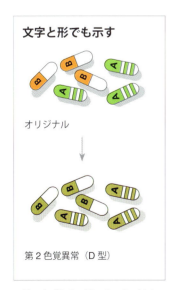

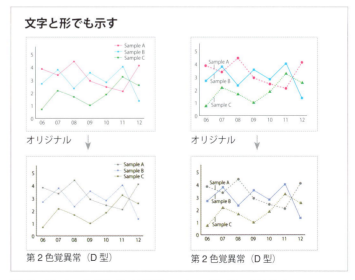

2種のカプセルの違いを，色（オレンジと黄緑）だけでなく，形（ラインの有無）や，文字（AとB）でも示した．

折れ線の違いを，色だけでなく線種やマーカーの形の違いでも示した．凡例は対応させづらいので，ラベルで示した．

フォントの選び方と取扱いのコツ

■ 推奨する書体

標準的な書体がオススメです．和文ではゴシック体と明朝体，英文ではSans Serif（サンセリフ）体*やSerif（セリフ）体です．ゴシック体とSans Serif体は線の太さが一定の書体で，明朝体とSerif体は横の線が細く縦の線が太い書体ですが，文字の先端にうろこやセリフといった小さな飾りがあります．

ゴシック体	明朝体
Sans Serif 体	Serif 体

ゴシック体とサンセリフ体　　　明朝体とセリフ体

*サンセリフとは「セリフ（線の端のうろこ）がない」という意味です．

■ 適切な行送り（行間）

文字サイズの1.5倍程度の行送りが適切です．くれぐれも行送りが狭くなりすぎないよう注意しましょう．

✗行送り1倍
基本的な図の描き方
基本的な図の描き方
基本的な図の描き方

○行送り1.5倍
基本的な図の描き方
基本的な図の描き方
基本的な図の描き方

狭すぎる行間の例

■ フォントのアウトライン化

フォントのアウトライン化とは，テキスト形式のデータを図形データに変換することです．アウトライン化をしておくと，他のパソコンでファイルを開けたときに別のフォントに置き換えられてしまう事態や，文字化け，字間の崩れといったトラブルを防ぐことができます．特に印刷会社に入稿する際は，フォントのアウトライン化が必須です．ただし，いったんアウトライン化してしまうと，元に戻すことができません．そのために，アウトライン化前にデータを【別名で保存】しておく必要があります．

　具体的には，テキストデータを選択後，【書式】メニューから【アウトラインを作成】を選択します．

テキストデータ　　→　　アウトライン化されたデータ

【アウトラインを作成】を選択

矢印・引き出し線のコツ

■ 矢印のコツ

目立たせすぎない

矢印は主役ではなく,脇役として活躍する存在です.しかし矢印を極端に変形すると,違和感が生じて目立ちすぎてしまいます.また彩度の高い色を使用するとやはり目立ちすぎてしまうので,注意が必要です.

基本的な矢印をPart 1のイラスト素材一覧の「その他」に掲載しています.ご活用ください.

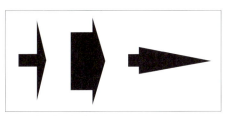

矢印は変形させすぎない　　　　　　　　　矢印には彩度の高すぎる色を使用しない

■ 引き出し線のコツ

引き出し線を太くすると目立ちすぎます.また,線の角度がばらばらだと煩雑な印象になります.引き出し線は細めにして,線の方向をできるだけ揃えると美しくなります.

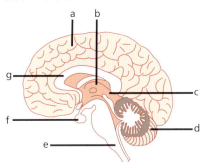

✕ 引き出し線が太すぎる(上の図の引き出し線は1.5 pt)

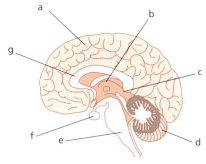

✕ 引き出し線の方向がバラバラ

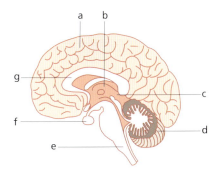

〇 適切な線の太さで(上の図の引き出し線は0.25 pt),
線の方向が垂直・水平に統一されている

画像に矢印や記号などを加えるときのコツ

■ コントラストをつける

矢印や記号がはっきりと見えるように，矢印や記号は画像（背景）に対してコントラストの高い（明度差のある）色にしましょう．

画像（背景）が白っぽい色なら矢印や記号は黒，画像（背景）が黒っぽい色なら矢印や記号は白にします．画像（背景）が黒と白の混合パターンの場合は，黒い矢印や記号に，白いアウトライン（外枠）をつけるとよいでしょう．

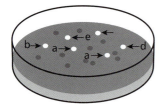
白っぽい画像に，黒い矢印と記号

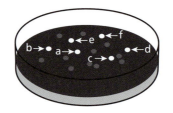
黒っぽい画像に，白い矢印と記号

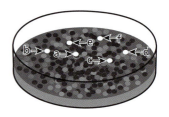
黒と白の混合画像に，白いアウトラインがついた黒い矢印と記号

■ アウトラインのつけ方

右上の図のように，矢印（線タイプ）や記号（文字）にアウトラインをつける方法を解説します．矢印（線タイプ）にアウトラインをつけるには，まず最初にパスのアウトライン化が必要です．

記号（文字）にアウトラインをつける

1. 文字を選択してコピー後，【前面へペースト】する．（Mac：⌘＋F），Windows：【Ctrl+F】）

2. 前面にペーストされた文字をいったん【ロック】する（オブジェクト】メニュー）．次に背面の文字を選択する．

3. 選択した背面の文字の【塗り】を白，【線】も白に設定すると（線の太さは適宜調整する），上記のように，白いアウトラインのある文字になる．

矢印（線タイプ）にアウトラインをつける

1. 矢印を選択して【パスのアウトライン】化を行う（【オブジェクト】メニューの【パス】）．その矢印を選択後，【前面へペースト】する．

2. 前面にペーストされた矢印をいったん【ロック】する（【オブジェクト】メニュー）．次に背面の矢印を選択する．

3. 選択した背面の矢印の【塗り】を白，【線】も白に設定すると（線の太さは適宜調整する），上記のように，白いアウトラインのある矢印になる．

付録：研究発表ポスターのデザイン

Adobe Illustratorは描画機能に優れたソフトウェアですが，ポスターやリーフレットなどの「レイアウト作業」にも優れています．特に画面の移動や拡大縮小といった操作の点でPowerPointよりも効率がよいので，ぜひお試しください．

レイアウト画面の作成

■ 新規ドキュメントの作成

【ファイル】メニューの【新規】を選択すると，【新規ドキュメント】画面が表示されます．ここでA0（841×1189 mm）など，作成したいポスターサイズにドキュメントを設定します．

幅 841 mm
高さ 1189 mm
と入力

【新規ドキュメント】ダイアログボックス

■ レイアウトグリッドの作成

2段組で適度な余白

タイトルスペースの下に2段組のレイアウトグリッドを作成しました．紙面の周囲，タイトルとそれ以外の間，段間などに適度な余白をつくっておきましょう．このレイアウトグリッドに沿って文字や画像を配置していくと，整ったポスターデザインになります．このデザインではタイトルまわりに青い色面を配置しましたが，他の色でもよいでしょう．このレイアウトグリッドでは，背景，目的，方法…といった順番で，左から右へと視線が自然に流れる**「Z型」**のレイアウトを想定しています．

【**レイヤー**】で分けておくと，作業しやすくなります．

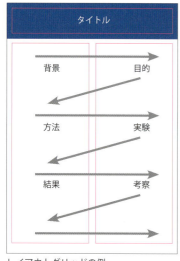

レイアウトグリッドの例

【レイヤー】の設定例

※レイアウトグリッドとは文字や図を配置する際の目安にする補助線（左図の細い青線）のことです．印刷する前に非表示にします．

文字・画像の配置と調整

■ 文字・画像の配置

タイトルや・見出し・本文と画像を，レイアウトグリッドに沿って配置します．

画像：画像解像度は原寸で150 ～ 300 dpi程度にします．複数並べる場合は**高さを揃える**と，整った印象になります．

文字：【文字ツール】を画面上でドラッグしてテキストボックスを作成し，その中に文字を流し込みます．

■ 文字・画像の整列法

タイトルや・見出し・本文と画像は，原則的に同じ幅に揃えたほうが，読みやすいでしょう．

■ 書体（フォント）

タイトルや見出しには太めのゴシック体か明朝体を使用するとよいでしょう．本文は細めのゴシック体や明朝体を使用するとよいでしょう．

■ 文字サイズ

ポスターは一般的に「0.5 ～ 1.5 mくらい離れて見る」という前提で文字のサイズを決めます．タイトルはなるべく大きくしたほうがアピールできます．見出しは本文よりも大きくしたほうが，全体の流れがわかりやすくなります．

・**タイトル：80 pt 以上**
・**本文：20 pt 以上**

■ 行送り

行送りは文字サイズの1.5倍程度が適切です．

■ 行長

1行の文字数は15 ～ 40文字程度が読み取りやすいとされています．特にポスターでは1行の文字数が多くなる傾向があるので注意しましょう．

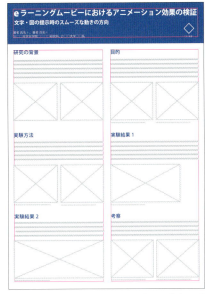

レイアウトグリッドに沿って文字や画像を配置する

テキストボックスに文字を流し込む

レイアウトグリッドを非表示にして完成！

付録 91

ポスターのレイアウトに便利な機能

■ページ全体の表示

画面を拡大して細部を調整した後，ポスター全体を表示させて確認しましょう．全体を確認して問題があれば，また細部の調整に戻ります．こうした作業を繰り返すことによって，全体的にまとまりがあり，完成度の高いデザインになります．ポスター全体を表示させるには【表示】メニューで【アートボードを全体表示】を選択します．ショートカット（Mac：【⌘0】，Windows：【Ctrl＋0】）を使うと便利です．

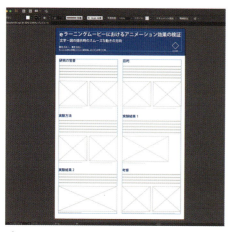

ポスター全体の表示

【表示】メニュー

■画像や文字の整列

Part3でも解説しましたが，【整列】を使用して画像や文字の高さや左側を揃えるとレイアウトが整います．例えば2つの画像の高さを揃える場合は，両方の画像を選択後【垂直方向上に整列】を指定することで，簡単に画像の高さを揃えられます．

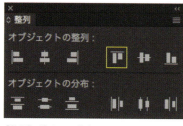

【整列】ダイアログボックス

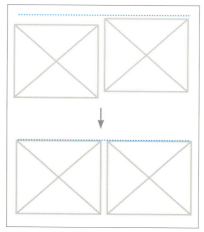

【整列】で画像の高さを揃える

出力

データが完成したら出力しましょう．大型プリンターで出力することになると思いますが，不備のないよう出力用のデータを準備しましょう．

■ レイアウトグリッドの非表示

【レイヤー】の左側にある【表示の切り換え】（目のマーク）をクリックし，レイアウトグリッドを非表示にします．

レイアウトグリッドのレイヤーを非表示にする

■ PDFファイルの作成

【ファイル】メニューから【別名で保存】を選択し，【ファイル形式】を【Adobe PDF】に設定します．
【Adobe PDFを保存】ダイアログボックスで【準拠する企画】を【PDF/X-1a-2001】*に指定します（下図の①）．
*PDF/X-1a-2001は印刷にあたって最も安定したデータ形式です．

■ トンボの設定

【Adobe PDFを保存】ダイアログボックスの【トンボと裁ち落とし】（下図の②）を選択し，【トンボ】（下図の③）にチェックを入れます．トンボとは断裁するときの位置を示すマークのことです．

レイアウトグリッドが非表示のポスター

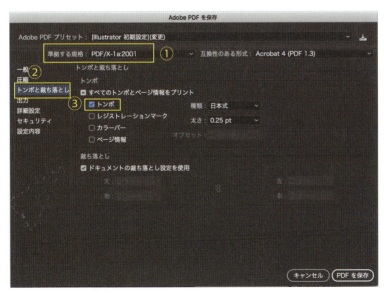

【Adobe PDF を保存】ダイアログボックス

付録 93

索引

数字

1点透視図法　74, 76
2点透視図法　75
3点透視図法　75
3D　77, 79

アルファベット

Adobe Creative Cloud　8
Adobe Illustrator（イラストレーター）　8
Adobe Photoshop（フォトショップ）　9
CMYK　60
MacOS　4
Microsoft　36
PDF　93
PowerPoint　36
pt　34
RGB　60
Windows　4
Word　36

あ

アウトライン　48, 88
アドビシステムズ社　8
アンカーポイント　38, 82
　――ツール　39
移動　63
イラストレーター　8
色の設定　34
印刷物　60
液晶ディスプレイ　60
遠近法　74
押し出し・ベベル　79
オブジェクト　4
　――の整列　64

か

ガイド　65
書き出し　36, 66
拡大　32
重ね順　62
画像トレース機能　43
画像の配置　40
画像のリンク　40
角　47
カバリエ図法　69
カラースペクトル　34
カラーピッカー　34

カラーフィールド　34
カラーユニバーサルデザイン　84
行送り　35, 86, 91
行間　86
行揃え　35
行長　91
曲線　38
グラデーション　52-57, 77
　――スライダー　52-53
クリッピングマスク　44
グループ化　33
グループ解除　33
コーナーポイント　39
コントラスト　88

さ

彩度（サチュレーション）　59, 83
色覚異常　84
色相（ヒュー）　59, 83
色調（トーン）　83
軸測図法　69-73
縮小　32
出力　93
定規　65
消失点　69, 74
書体（フォント）　35, 86, 91
垂直　38
水平　38
スケッチ　68
スポイトツール　52
スムーズポイント　38
ズームツール　30
整列　64, 91-92
線　34
　線種　46
　線端　47
　線幅　34
センスのよい配色　83
選択ツール　30

た

ダイレクト選択ツール　39
楕円形　31
多角形　31
長方形　31
直線　38
直方体　68
ツール
　アンカーポイント――　39
　スポイト――　52
　ズーム――　30
　選択――　30

ダイレクト選択――　39
ブレンド――　78
ペン――　38
メッシュ――　57-58, 78
文字――　35
ツールパネル　30
データの保存　66
テンプレート　41
同系色　83
透視図法　74
透明　49
突出線端　47
ドラッグ＆ドロップ　4
トレース　41
トーン（色調）　83
トンボ　93

な・は

塗り　34
配色　59, 83
配置　40, 91
パス　4, 38, 48
　――のアウトライン　48
パース　74
パスファインダー　45
破線　46
バット線端　47
パネル　30
ハンドル　38
引き出し線　87
ヒュー　59
ファイル形式　66
ファイルメニュー　30
フォトショップ　9
フォント　35, 86, 91
　――のアウトライン化　86
複合パス　44
複数の図形の選択　33
複製　33
不透明度　49
ブライトネス　59
ブレンドツール　78
平均と連結　64
平行投影図法　69
ベクター形式　8
ベジェ曲線　8, 82
ページ全体の表示　92
ベベル結合　47
ペンツール　38
ポイント　34
方向線（ハンドル）　38
ポスター　89
保存形式　66

94　索引

ま

マイター結合　　47
丸型線端　　47
右クリック　　4
ミリタリ図法　　69
明度（ブライトネス）　　59, 83
メッシュツール　　57-58, 78
文字サイズ　　35, 91
文字ツール　　35

や・ら

矢印　　46, 87
ライブペイント　　50
ラウンド結合　　47
立体化　　68, 77
リンク　　40
レイアウト　　91
レイアウトグリッド　　90
レイヤー　　61-62, 90
連結　　64
ロック　　33, 61, 65
　　──解除　　33

田中佐代子 たなか・さよこ

1989年 筑波大学芸術専門学群卒業，1991年 筑波大学大学院修士課程芸術研究科修了.
1993年 民間会社にグラフィックデザイナーとして勤務. 2000年 岡山県立大学デザイン学部講師.
2002年 筑波大学芸術学系講師.
2005-2006年 オランダ・デルフト工科大学研究員
2008年 筑波大学芸術系准教授.
2010年～ 日本サイエンスビジュアリゼーション研究会（JSSV）代表.
2017年～ 筑波大学芸術系教授.
著書に，『PowerPointによる理系学生・研究者のためのビジュアルデザイン入門』（講談社）がある.

日本サイエンスビジュアリゼーション研究会
http://www.geijutsu.tsukuba.ac.jp/~jssv/

読者の皆さまへ
研究で忙しい研究者の方々が，研究の合間に短時間で活用できるよう，できるだけ「薄くて軽い」本を目指しました. どうぞお役立てください.

論文・学会発表に役立つ！
研究者のための Illustrator 素材集
素材アレンジで 描画とデザインをマスターしよう！

2018 年 12 月 10 日　第 1 版　第 1 刷　発行

著者　　田中 佐代子
発行者　曽根 良介
発行所　（株）化学同人
　　　　京都市下京区仏光寺通柳馬場西入ル
　　　　TEL 075-352-3711　FAX 075-352-0371（編集部）
　　　　TEL 075-352-3373　FAX 075-351-8301（営業部）
振替　　01010-7-5702
E-mail　webmaster@kagakudojin.co.jp
URL　　https://www.kagakudojin.co.jp

JCOPY 〈(社)出版者著作権管理機構委託出版物〉
本書の無断複写は著作権法上での例外を除き禁じられています. 複写される場合は，そのつど事前に，(社)出版者著作権管理機構（電話 03-3513-6969，FAX 03-3513-6979，E-mail: info@jcopy.or.jp）の許諾を得てください.

本書のコピー，スキャン，デジタル化などの無断複製は著作権法上での例外を除き禁じられています. 本書を代行業者などの第三者に依頼してスキャンやデジタル化することは，たとえ個人や家庭内の利用でも著作権法違反です.

印刷・製本　（株）シナノパブリッシングプレス

乱丁・落丁本は送料小社負担にてお取りかえいたします.
Printed in Japan　　© 2018 Sayoko Tanaka　　無断転載・複製を禁ず　ISBN978-4-7598-1987-8